KB188081

공방 · 카페를 위한
한식디저트 만들기

떡 한과/클래스

공방·카페를 위한
한식디저트 만들기

이은주 지음

떡한과／클래스

BnCworld

머 리 말

/

떡이나 한과는 혼자가 아닌 여럿이 즐기기 위해 만들고, 또 축하할 만한 자리에 자주 쓰이지요. 만드는 마음도, 받는 마음도 따뜻한 떡·한과가 좋아 이 길로 들어선 지 어느덧 10년이 넘었습니다. 단 한 치의 소홀함도 허용되지 않는 음식 만드는 일이 마냥 쉬운 것은 아니었지만 최근 떡과 한과를 열성적으로 즐기는 젊은 세대가 많아졌다고 하고, 저의 수강생들에게서도 창업 후 나날이 번창하고 있다는 반가운 소식이 들려 오니 감사한 일이지요.

클래스를 운영하면서 알게 된 것은 생각보다 많은 분들이 떡·한과에 진지한 애정을 가지고 있다는 점이에요. 가족을 위한 건강 간식, 고마운 분을 위한 선물, 공방의 수업 아이템, 카페의 보완 메뉴나 창업 준비 제품 등 수강생마다 동기는 다양하지만 목표는 하나지요. 바로 잘 배워서 맛있고 예쁜 떡·한과를 번듯하게 만들어 내는 것이랍니다. 그래서 이 같은 목표를 가진 분들께 조금이라도 도움을 드리고자 이 책을 준비했습니다.

이 책은 클래스를 찾는 수강생들의 주된 쓰임에 따라 선물하기 좋은 메뉴, 카페에서 음료와 함께 내놓기 좋은 메뉴, 집에서 손쉽게 만들어 가족과 함께 즐기기 좋은 메뉴, 이렇게 세 가지 파트로 구성해 실용적으로 쓰일 수 있도록 했습니다. 전통 방식을 그대로 재현한 메뉴도 있지만 생산력 향상을 위해 재료, 공정 등을 간소화해 작업성을 높인 제품들도 있습니다. 젊은 층이 좋아할 만한 트렌디한 퓨전 메뉴도 함께 소개하니 많은 분들이 필요에 따라 쉽게 이용할 수 있으리라 믿습니다.

독자 중에는 떡·한과를 익숙하게 만들 줄 아는 분도 계시지만 처음 시작하는 분들도 있을 겁니다. 그런 분들에겐 막연히 어렵게만 느껴질 텐데요. 쌀가루를 내어 물 주는 방법부터 고물 만드는 방법, 떡을 안치고 모양내는 방법, 강정을 볶고 약과를 튀겨 즙청하는 방법까지, 가능한 한 자세히 설명했으니 한두 번만 따라 해 보면 금세 익힐 수 있을 거예요. 제품의 특성에 맞게 포장하는 방법과 보자기 매듭으로 선물 포장하는 방법도 함께 담았으니 제품의 격을 높여주는 좋은 팁이 될 것입니다.

붉디붉은 홍옥정과를 넣은 사과단자, 가을 은행잎을 닮은 편강, 다양한 색으로 물들인 오색구슬강정…, 제가 떡·한과에 입문한 후 사랑하게 된 다채로운 색의 아름다움도 함께 느껴 보시길 바랍니다.

이 은 주

목 차

005 머리말
008 기본 도구
018 재료 · 고물 만들기
036 떡 기본 공정

01

마음을 전하는 선물 떡 · 한과

044 각색단자
046 궁중약식
048 무지개떡케이크
050 수수팥떡
052 단호박떡케이크
055 복분자떡케이크
058 모시절편
060 바람떡
062 삼색경단
064 대추약편
066 두텁편
068 두텁떡

072 인삼편정과
074 개성약과
077 꽃매작과
080 무쌈정과
082 송화다식
084 곶감단지
086 콩고물도라지정과
088 곶감꽃오림
090 인삼잣박이
092 잣박산
094 양갱

02

차와 함께 즐기는 카페 떡 · 한과

098 잣설기
100 하트설기
102 방울증편
104 사과단자
108 개성주악
110 패턴설기
112 삼색인절미
114 흑미단자

116 국화송편 · 호박송편
118 꽃인절미
120 오븐찰떡
122 과일강정
124 꽃약과
126 감태오란다
128 참깨마카롱
130 오색구슬강정

132 흑임자다식
134 견과류크런치
136 들깨강정
138 강란
140 곶감호두말이
142 연근칩
144 호두강정
146 피칸강정

03

일상에서 나누는 간식 떡·한과

150 잡과병
152 모싯잎송편
154 쇠머리찰떡
156 녹두찰편
158 유자인절미
160 화전
162 구름떡
164 팥시루찰편
166 꼬리절편·사탕절편
168 깨찰편
170 무시루떡
172 밥알인절미

174 쑥갠떡
176 상추시루떡
178 콩찰편
180 수수부꾸미
182 찹쌀부꾸미
184 깨강정
186 견과바
188 밤초
190 율란
192 대추칩
194 연근정과
196 편강

04

격을 높이는 떡·한과 포장

200 제품에 맞는 포장 방법과 보자기 포장
204 수국매듭
206 보타이매듭
208 일자매듭
210 저고리매듭
212 나비매듭
214 정매듭
216 덮개매듭
218 따리매듭

코팅팬 · 궁중팬

찜기

물솥

믹싱볼

체

실리콘시루밑 · 면포

8

기본 도구

떡과 한과를 만들 때 재료와 공정만큼이나 중요한 것이 도구입니다. 고급 도구를 사용할 필요는 없지만 깨끗하고 잘 관리된 도구를 써야 맛과 모양새가 깨끗한 떡·한과를 만들 수 있기 때문이지요. 제가 자주 사용하는 도구와 구매할 때 주의할 점, 사용 후 관리 방법 등을 소개합니다.

찜기

떡이나 재료를 찔 때 사용하는 찜기로 주로 대나무찜기를 사용합니다. 제품의 크기는 다양하지만 사각 스텐틀이나 몰드 여러 개를 한 번에 찔 수 있는 지름 30㎝ 정도의 큰 사이즈를 구입하는 것이 좋습니다. 처음 사용할 때는 크기가 넉넉한 솥에 찜기가 잠기도록 물을 가득 담아 2~3회 10분 동안 삶아 사용합니다. 사용 후에는 솔로 깨끗이 씻어 통풍이 잘 되는 그늘에서 말리고, 곰팡이가 필 수 있으니 밀폐된 수납장보다는 주방 선반이나 벽에 걸어 보관합니다. 스텐찜기를 사용하면 곰팡이가 필 염려가 없어 편하지만, 찌는 도중 뚜껑에 물방울이 맺혀 떡 위로 떨어질 수 있으니 떡을 안치고 면포를 한 겹 덮어 사용합니다.

물솥

찜기를 얹을 수 있는 알루미늄 물솥입니다. 약식 등은 물솥에 물을 넉넉히 받아 한 시간 이상 쪄야 하는데요, 이때 얕은 물솥을 사용하면 물이 끓어올라 찜기를 적시고 떡을 못 쓰게 될 수 있으니 깊은 물솥에 물을 절반 정도 채워서 사용합니다. 가장자리에 홈이 있어 찜기를 안정적으로 받칠 수 있는 형태이며, 사용할 찜기의 크기에 맞춰 구매하면 됩니다.

코팅팬·궁중팬

코팅팬은 화전이나 부꾸미를 지질 때, 고물을 볶거나 강정을 볶을 때 사용하고 약과나 주악, 강정 등을 튀길 때는 바닥이 넓고 깊은 궁중팬을 사용합니다. 볶을 때 바닥을 심하게 긁거나 세척할 때 거친 수세미를 사용하지 않는 것이 좋고, 코팅팬은 자주 사용한다면 6개월~1년 주기로 교체하는 것이 좋습니다.

믹싱볼

쌀가루에 물주기 할 때나 부재료를 만들 때 사용합니다. 물주기 할 때는 주로 중간체를 사용하므로 중간체를 올리기에 적당한 크기를 사용하며 쌀가루 양에 따라 크기를 달리 사용할 수 있도록 구비하면 좋습니다. 사용 후에는 깨끗이 세척해 물기를 말려 보관합니다.

체

떡을 만들 때 사용하는 체는 망의 굵기에 따라 굵은체(어레미), 중간체, 고운체로 나눌 수 있습니다. 굵은체는 거피팥이나 녹두 등 고물을 만들 때 사용하고, 중간체는 물주기 한 쌀가루를 찜기에 안치기 전 체에 내릴 때 사용합니다. 고운체는 밀가루나 증편용 멥쌀가루를 내릴 때 씁니다. 사용 후에는 부드러운 솔로 망을 문질러 세척합니다.

실리콘시루밑·면포

떡을 찔 때 찜기 바닥에 깔면 떡이 찜기에 달라붙지 않고 깔끔하게 떨어집니다. 멥쌀떡이나 고물을 먼저 까는 떡을 찔 때에는 실리콘시루밑을 두 장 깔고, 찹쌀떡을 찔 때에는 면포를 물에 적신 다음 꼭 짜서 깔고 설탕을 솔솔 뿌려 사용합니다. 사용 후에 시루밑은 물에 담가 말라붙은 떡을 불린 다음 깨끗이 세척하고, 면포는 베이킹소다를 조금 넣은 물에 삶은 뒤 건조합니다.

밀대

나무강정틀

칼금판

구름떡틀

스텐틀

문양틀

나무강정틀

쌀강정, 견과바, 들깨강정 등의 모양을 잡을 때 사용합니다. 오란다처럼 입자가 굵은 강정을 만들 때 지나치게 얇은 강정틀을 사용하면 밀대로 밀 때 부서질 수도 있고, 견과바처럼 단단한 재료로 강정을 만들 때 너무 두꺼운 강정틀을 사용하면 깨물어 먹기 어려울 수 있습니다. 다양한 두께의 강정틀을 구비하고 재료의 특성에 맞게 선택해서 사용하세요. 강정틀을 구매할 때는 높이가 맞는 보조틀도 함께 구매할 수 있습니다. 강정의 양이 적어 틀을 전부 채울 수 없을 때 남는 공간을 막는 용도로 사용합니다. 강정틀과 보조틀 모두 나무로 만들어져 있어서 사용 후 깨끗이 씻어 건조하여 보관하는 게 좋습니다.

밀대

절편 반죽을 밀거나 강정을 성형할 때 사용합니다. 떡 반죽이나 강정은 점성이 있기 때문에 식용유를 손바닥에 묻힌 다음 밀대를 한 번 훑어 사용하면 편리하게 작업할 수 있습니다. 강정 만들 때 사용하는 밀대는 강정틀 길이보다 길어야 하므로 40㎝ 정도인 것이 적당합니다. 사용 후 흠집이 생기지 않도록 부드러운 수세미로 기름기를 세척해 보관합니다.

스텐틀

떡케이크나 패턴설기, 조각설기, 찰편 등을 만들 때 떡의 형태를 잡기 위해 사용합니다. 지름 15㎝ 원형 1호, 지름 18㎝ 원형 2호, 18×18㎝ 사각 2호 틀을 가장 자주 사용합니다. 떡에 비해 틀이 너무 높으면 스크레이퍼로 평평하게 정리할 때나 칼금을 넣을 때 작업하기 쉽지 않으므로 6~7㎝ 높이의 스텐틀을 사용하는 것이 좋습니다. 스텐틀의 형태를 완성된 떡이 그대로 이어받게 되므로 세척 후 찌그러지지 않게 보관합니다.

구름떡틀

구름떡 전용 틀로, 바닥이 막혀 있는 20×7×5㎝ 직사각형 스테인리스 틀입니다. 주로 떡비닐을 깔아 사용합니다. 인절미 모양을 잡을 때 사용해도 좋습니다.

칼금판

떡케이크나 조각설기를 분할해야 할 때 찌기 전에 사용하는 아크릴 소재 도구입니다. 스크레이퍼를 사용해 평평하게 다듬은 멥쌀가루 위에 칼금판을 얹어 가볍게 누르면 격자 모양의 얕은 홈이 찍히는데 그 홈을 따라 작고 예리한 칼로 칼금을 넣어 찌면 떡이 깔끔하게 잘라집니다.

문양틀

문양틀은 패턴설기를 만들 때 사용하는 아크릴 소재 도구입니다. 두께는 0.3㎝이며 하트, 클로버, 꽃모양, 일백 백(百) 등 다양한 모양으로 구멍이 뚫려 있습니다. 스크레이퍼로 윗면을 평평하게 다듬은 멥쌀가루 위에 얹은 뒤 색 입힌 멥쌀가루를 채워 원하는 모양으로 장식합니다.

나무주걱 · 실리콘주걱

오림 가위

실리콘붓

해동지

핀셋

마지팬스틱

떡비닐

나무주걱 · 실리콘주걱

나무주걱은 한 번 찐 거피팥, 녹두 등을 체에 내려 고물을 만들 때나 프라이팬에 강정, 고물 등을 볶을 때 주로 사용하며, 실리콘주걱은 부드러운 재료를 고루 섞을 때 사용합니다. 나무주걱은 단단해서 재료를 으깨거나 많은 양의 재료를 두루 섞을 때는 편리하지만 섬세한 작업은 어렵고, 실리콘주걱은 유연성이 있어 그릇에 묻은 재료를 알뜰하게 긁거나 세밀한 작업을 할 때 적합하지만 힘을 주어 사용하면 도구가 쉽게 망가질 수 있습니다. 이러한 점을 보완하기 위해 두 가지를 모두 갖추고 용도에 맞게 사용합니다. 실리콘주걱은 작은 사이즈도 구비하면 좋습니다.

실리콘붓

꽃송편, 절편 등에 윤기를 내기 위해 식용유나 참기름을 바를 때 사용합니다. 실리콘붓은 천연모로 만든 붓에 비해 세척, 건조 및 관리가 간단하며 내구성이 좋아 편리하게 사용할 수 있습니다. 사용 후 솔 사이사이에 낀 기름을 씻어 내고, 고여 있는 물이 없도록 털어 낸 다음 건조합니다.

오림 가위

곶감을 손질하거나 오림 등 장식을 만들 때 사용합니다. 날이 얇고 좁아 섬세한 작업이 가능하고, 가위집을 안정적으로 넣을 수 있습니다.

핀셋

완성된 떡 · 한과에 금박, 꽃 등 작은 장식물을 올릴 때 사용합니다. 끝이 뾰족하고 휘어져 있는 형태가 장식하기 편리합니다. 완성도 높은 제품을 만들기 위해 하나쯤 구비해 두면 좋습니다.

마지팬스틱

떡케이크에 장식할 절편이나 꽃매작과를 성형할 때, 꽃송편에 모양을 낼 때 사용합니다. 본래는 마지팬 공예에 사용하는 도구이기 때문에 마지팬스틱이라 불립니다. 반죽을 커터로 찍어 만든 꽃잎을 여러 장 겹쳐 고정할 때는 끝이 뾰족한 모양을, 둥글게 빚은 떡에 주름을 넣어 호박이나 나뭇잎 모양으로 만들 때는 납작한 모양을 사용합니다.

해동지

본래 냉동된 생선, 육류를 해동할 때 사용하는 종이여서 해동지라고 부릅니다. 엠보싱이 없고 살짝 도톰한 종이로 유 · 수분을 빠르게 흡수하는 성질이 있어 찜기에 얹어 간이 시루밑으로 쓰거나 튀긴 약과, 강정 등을 얹어 기름기를 뺄 때 유용해요.

떡비닐

구름떡이나 인절미를 성형할 때, 볶은 강정을 평평하게 펼칠 때 사용합니다. 찰기가 강한 찰떡이나 끈적이는 시럽이 있는 강정은 떡비닐을 써야 틀에 달라붙지 않습니다. 비닐 안쪽에 식용유를 조금 바르면 떡이 비닐에서 잘 떨어집니다.

바람떡틀

떡살

다식판

모양커터

증편틀 · 타르트틀

실리콘몰드

떡살

나무, 아크릴 등의 소재에 문양이 새겨져 있는 도구로, 쑥갠떡이나 절편을 찍어 모양을 낼 때 사용합니다. 격자, 국화, 수레바퀴 등 다양한 무늬가 새겨져 있는데 각 무늬는 수복, 부귀 등 각각 다른 의미가 있으니 용도에 맞게 골라 사용합니다. 물론 의미를 따지기보다 보기에 예쁜 것을 고르는 것도 좋겠지요. 떡살에 떡이 달라붙지 않게 식용유를 조금씩 바르면서 사용하므로 사용 후에는 세제로 기름기를 닦아 냅니다.

바람떡틀

바람떡을 만들 때 사용하는 틀입니다. 반죽을 밀어 편 다음 소를 놓고 끝부분을 접어 가며 틀로 찍으면 반달 모양 바람떡을 쉽게 만들 수 있습니다. 떡의 접착면이 떨어지지 않도록 하는 역할도 합니다.

다식판

흑임자다식이나 송화다식을 만들 때 사용하는 다식판은 나무나 아크릴로 만든 것을 사용합니다. 뚜껑판, 받침판 두 층으로 이루어진 제품을 주로 사용하는데, 재료를 꾹꾹 눌러 틀에 빈틈없이 채운 다음 뚜껑판을 누르면 완성된 다식이 쑥 올라와 편리합니다. 다식판 크기에 맞는 누름봉도 갖추면 힘을 들이지 않고 훨씬 쉽게 만들 수 있습니다.

모양커터

모약과, 무쌈정과, 꽃매작과 등을 만들 때나 떡케이크 위에 올릴 절편 장식을 만들 때 사용합니다. 스테인리스나 아크릴로 만들어진 원형, 매화, 수국, 나뭇잎 등 다양한 모양의 커터가 판매되고 있어 목적에 맞게 구비합니다.

실리콘몰드

하트설기나 양갱을 만들 때 사용합니다. 말랑말랑하고 부드럽기 때문에 제품에 흠집을 내지 않고 분리해 낼 수 있어 편리하고 실용적이지요. 다양한 형태로 제작되고 있어 새로운 형태의 떡·한과를 시도해 볼 수도 있습니다. 실리콘은 열에 강하기 때문에 찜기에 올려 쪄도 무방합니다.

증편틀 · 타르트틀

방울증편이나 오븐찰떡 등을 만들 때 사용합니다. 제품과 틀을 쉽게 분리하기 위해 반죽을 붓기 전 식용유를 얇게 발라 사용합니다. 사용한 다음 세제로 구석구석 깨끗이 닦아 완전히 건조 후 보관합니다.

조리용 온도계

저울

계량컵 · 계량스푼

타이머

조리용 온도계

약과, 주악, 호두강정 등을 튀길 때 사용합니다. 예열한 식용유에 적외선을 쏴서 온도를 측정하는 비접촉식 온도계와 튀김용 식용유에 직접 담가 두고 온도를 측정하는 접촉식 온도계가 있어요.

저울

재료를 정확하게 계량하기 위해서 꼭 필요합니다. 눈금저울보다는 디지털 저울을 사용하는 것이 좋습니다. 재료를 담을 그릇을 먼저 올린 다음 0에 맞춰 무게를 측정하면 그릇무게를 계산하는 번거로움을 줄일 수 있습니다. 가정에서도 5kg 저울을 사용하길 권장합니다.

계량컵 · 계량스푼

저울을 이용하여 무게를 재기도 하지만 떡을 만들 때 액체류는 스푼을 이용하는 것이 더 편리합니다. 1컵은 200㎖, 1큰술은 15㎖, 작은술은 5㎖입니다.

타이머

떡을 찌거나 뜸을 들일 때 정확한 시간을 재기 위해 사용합니다. 떡을 하다 보면 여러 찜기를 한꺼번에 올려야 할 때가 있는데 그럴 때는 일일이 시간을 기억하고 체크하기 어렵지요. 타이머를 여러 개 사서 각 찜기 가까이에 하나씩 두면 바쁘게 작업하다가도 익힘 정도를 챙길 수 있어서 편리합니다.

알아 두기

01

'물주기' 공정에 들어가는 물의 양은 계절, 실내 온·습도, 쌀가루의 상태에 따라 달라집니다. 이 책에서 표기한 양은 여름에 측정한 것으로, 건조한 계절에 떡을 만들거나 수분이 부족한 쌀가루, 수확한 지 오래된 쌀가루를 사용하면 표기한 양보다 훨씬 더 많은 물이 들어갈 수도 있습니다. 물을 조금씩 넣어 가며 비벼 섞고, 손으로 쥐어 수분량을 조절해 보세요.

02

껍질을 벗기거나 씨를 제거하는 등의 과정이 필요한 재료는 손질 후의 무게를 기준으로 분량을 표기했습니다. 손질하기 전에 무게를 달아 준비하면 재료가 모자랄 수 있으니 기재된 무게보다 넉넉하게 준비해 사용하세요.

03

재료에서 밤, 대추, 곶감, 호두는 개수로 표기했습니다. 재료의 크기가 평균보다 작거나 크면 개수를 조절해 넣으세요. 서리태, 완두배기, 잣 등 낱알이 작은 재료나 일부 액체 재료는 작업 편의를 위해 계량컵이나 계량스푼으로 표기했습니다.

04

색 내기 재료의 양은 전부 '약간'으로 표기했습니다. 계량스푼 끝으로 조금씩 덜어 넣으며 마음에 드는 빛깔을 만들어 보세요.

재료 · 고물 만들기

떡 · 한과 만드는 데 필요한 재료와 고물 만들기를 소개합니다.
요즘은 온 · 오프라인 매장에서 사철 내내 재료를 구하는 일이
어렵지 않지만 제철에 나는 식재료를 구입해 사용합니다.
만약 한 철에만 나오는 식재료라면 제철에 구입해 바르게 손질해
보관하세요. 고물은 떡의 맛과 모양을 풍부하게 해 주는 역할을
합니다. 만드는 방법을 익혀 용도에 맞게 사용하세요.

멥쌀

찹쌀

찰흑미

팥

서리태

거피팥

녹두

18

멥쌀

찹쌀에 비해 찰기가 적은 쌀로 보통 밥을 지어 먹을 때 사용합니다. 멥쌀로 만드는 떡 종류는 설기, 절편, 송편 등이 있는데, 떡용 멥쌀을 구입할 때는 품종이 좋고 비싼 것을 고르기보다 중간 가격대의 쌀을 고르는 것이 좋습니다. 대신 도정 일자를 확인해 가장 최근 것을 선택합니다. 쌀은 상온에 오래 두면 묵은 냄새가 나니 밀폐용기에 넣어 냉장 보관하세요.

찹쌀

찹쌀은 차지고 윤기가 흘러 밥 지어 먹을 때 조금씩 섞으면 입에 감기는 맛이 좋습니다. 찹쌀은 인절미, 찰편, 화전, 단자 등을 만들 때 주로 사용합니다. 멥쌀처럼 도정한 지 얼마 되지 않은 것을 고르고, 쌀알이 부서지지 않고 입자가 고른 것이 좋습니다. 마른 상태에서 반투명하고 한참 불려야 물을 먹어 하얗게 색이 변하는 멥쌀과 달리 찹쌀은 불리지 않아도 색이 뽀얗고 불투명하지요. 멥쌀은 조금 길쭉한 반면 찹쌀은 알이 통통하고 짧아 겉모양으로도 쉽게 구별할 수 있습니다.

찰흑미

찰흑미는 윤기가 흐르고 낱알이 고른 것을 선택합니다. 흑미는 현미처럼 겉껍질만 도정하고 속껍질을 벗기지 않은 것이므로 백미에 비해 영양분이 풍부합니다. 섬유질이 많고 겉껍질이 단단해서 멥쌀, 찹쌀 등과는 달리 냉장고에 넣고 이틀 동안 불려야 부드러워집니다. 찰기가 부족해 떡을 만들 때는 찹쌀가루를 섞어서 반죽합니다. 동량의 흑미와 찹쌀에 갖은 견과류, 대추, 밤 등을 섞어 찌고 모양을 잡아 굳히면 간식으로 인기 좋은 흑미영양떡을 만들 수 있어요.

서리태

일반적으로 밥에 넣어 먹는 검은콩으로 늦가을 서리 맞은 콩이라 하여 서리태라 불립니다. 떡에 쓸 때는 살짝 삶거나 설탕을 넣고 조리면 살캉한 맛이 살아나지요. 알이 굵고 검은 보석처럼 반질반질 새카만 것, 속은 선명한 초록빛을 띠는 것이 맛있답니다.

팥

고물이나 앙금을 만들 때 사용하는 가장 대표적인 재료입니다. 표면의 색이 선명하게 붉고 윤기가 나면서 흰 선이 뚜렷하고 썩은 것이 없는 팥을 구입합니다. 팥은 조직이 단단하여 물을 가득 붓고 오래 삶아야 부드러워집니다. 처음 삶은 물은 아리고 떫은맛을 내고 배앓이를 유발하는 사포닌 성분이 녹아 나오기 때문에 따라 버리는 것이 좋습니다. 팥은 영양이 풍부해서 상온에 두면 벌레가 쉽게 생기니 바짝 말려 서늘한 곳에 보관하거나 냉장 또는 냉동 보관하세요.

거피팥

검은팥의 얇은 껍질을 벗겨 내 얻은 흰 팥으로 고물을 만들 때 사용합니다. 뽀얀 색만큼이나 깨끗한 향기와 담백하고 구수한 맛을 가지고 있지요. 껍질을 벗긴 제품을 구매해도 겉에 잔여물이 더러 남아 있기 때문에 통통하게 불려 비벼 씻으면서 껍질을 벗겨야 합니다. 이때 물이 뿌옇게 변하면서 거품이 일어나는데 이는 사포닌 성분이 씻겨 나오는 것으로 지극히 정상적인 현상입니다. 자잘한 껍질을 떠내는 과정이 다소 번거롭게 느껴질 수 있지만 정성껏 손질해서 포슬포슬한 거피팥고물을 만들어 보세요.

녹두

연둣빛 껍질 속에 예쁜 연노랑 알갱이가 숨어 있는 녹두는 푹 쪄서 빻거나, 알알이 살아 있는 그대로 고물로 사용합니다. 고운 색처럼 푸근하고 아주 구수한 향이 있어 특히 아끼는 재료이지요. 거피팥과 마찬가지로 거피녹두를 구입해도 남아 있는 껍질을 제거하기 위해 불린 녹두를 손으로 바락바락 비벼 씻어야 합니다. 알이 잘아서 손질하는 데 꽤 오랜 시간과 정성이 들어가지요. 불린 녹두에서는 살짝 비릿한 냄새가 나기도 하는데 찜기에 올려서 푹 찌면 사라지니 걱정하지 않아도 좋습니다.

볶은 커피참깨

볶은 흑임자(검은깨)

들깨

찰수수

쌀오란다볼

강정용 구운 쌀

볶은 거피참깨

거피참깨는 참깨의 껍질을 벗긴 것을 말합니다. 거피하지 않은 참깨는 요리에 사용하기는 좋지만 떡이나 한과에 쓰기에는 거칠어서 좋지 않습니다. 또 천연재료로 색을 입혔을 때 발색도 좋지 않아 떡과 한과에는 적절하지 않습니다. 그렇기 때문에 참깨를 깨끗이 비벼 씻어 물을 갈아 가며 이물질과 껍질을 제거하고 팬에 볶아 사용합니다. 그러나 이 과정이 어렵기도 하고 번거롭기도 하므로 시판되는 볶은 거피참깨를 구입해 쓰는 것이 편리합니다.

들깨

들깨는 길쭉하고 끝이 뾰족한 참깨, 흑임자와 달리 알이 구슬처럼 동그랗고 짙은 갈색을 띱니다. 참깨나 흑임자와는 다른 독특한 향과 고소한 맛을 가지고 있지요. 강정 만들 때 주로 사용하는데 거피하지 않고 까끌까끌한 질감과 고소한 맛을 그대로 살려 만듭니다. 손으로 만져 보았을 때 표면이 매끄럽고 향이 강한 것을 고르면 좋아요.

볶은 흑임자(검은깨)

참깨와 거의 비슷하지만 특유의 향과 더 진한 고소함을 가지고 있는 흑임자는 깊은 먹색 고물을 만들 때 사용하는 재료입니다. 최근에는 빵이나 과자 재료로도 점점 인기가 높아지고 있지요. 반쯤만 갈아 깨알 씹히는 맛이 살아 있는 고물을 만들기도 하고, 기름이 나오도록 오래 갈아 다식을 만들기도 합니다. 삼색인절미, 구름떡을 만들 때는 직접 갈아 만든 흑임자고물을 사용하기보다는 설탕, 소금 등으로 가미하여 곱게 간 시판 제품을 사용하면 편리합니다.

찰수수

붉은빛을 띠는 곡물로 수수팥떡, 수수부꾸미 등을 만드는 데 사용합니다. 찹쌀에 비해 살짝 거친 식감과 독특한 향, 약간 쌉쌀한 맛이 있습니다. 사용할 때는 물에 배어나는 붉은 색이 옅어질 때까지 잘 씻은 다음 수시로 물을 갈아 가며 7~8시간 불려야 특유의 떫은맛을 없앨 수 있습니다. 찰수수가루로 만든 반죽은 찰기가 부족하기 때문에 동량의 찹쌀가루를 섞어서 반죽합니다.

강정용 구운 쌀

강정용 쌀을 만드는 전통적인 방법은 잘 불린 쌀을 삶아서 바람을 쏘여 가며 바짝 말린 다음 기름에 하얗게 튀기는 것입니다. 하지만 너무 많은 공이 들어가니 요즘은 잘 나온 시판 제품을 주로 사용합니다. 취향에 따라 잡곡이 섞인 것, 두 번 구워 노릇노릇한 것을 사용해도 되지만 색을 입혀 만드는 과일 강정은 흰 쌀을 사용해야 곱게 물이 들지요. '강정용 찜쌀'을 검색하면 온라인에서 편리하게 구매할 수 있습니다. 알이 큼직한 뻥튀기 튀밥과는 다르니 구매할 때 주의하세요.

쌀오란다볼

어릴 때 먹었던 오란다는 입 안이 얼얼할 만큼 거칠고 딱딱했는데, 요즘 나오는 제품으로 만들면 예전 것만큼 딱딱하지 않더라고요. 시럽에 볶아 모양을 내지 않고 그냥 한 알씩 집어 먹어도 고소하고 맛있지요. 쌀오란다볼은 밀가루로 만든 일반 오란다볼보다 훨씬 비싸지만 알이 잘고 담백합니다. '쌀퍼핑콩', '쌀오란다볼'로 검색하면 온라인으로 구매할 수 있습니다.

잣

호두

호박씨

해바라기씨

헤이즐넛

밤

아몬드

완두배기

잣

잣은 가루를 내거나 가늘게 썰어 고명으로 쓰기도 하고 알 그대로 약식, 찰떡 등에 넣어 은은한 솔향과 고소한 맛을 더하는 귀한 재료입니다. 기름이 번들번들하게 스며 나온 잣보다는 보얗고 매끈한 잣을 고릅니다. '고깔'이라고 부르는 꼭지가 끄트머리에 붙어 있는데 떡이나 한과를 만들 때는 이 고깔을 떼어 냅니다. 특히 잣박산을 만들 때는 고깔을 모두 제거하고 만들어야 모양이 예쁘지요.

호두

연하고 고소한 호두는 떡, 한과에 두루 사용합니다. 호두나 피칸을 사용할 때는 간단한 전처리를 거치는 게 좋습니다. 끓는 물에 20~30초 데쳐서 찬물에 헹구고 키친타월로 물기를 제거한 다음 130℃ 오븐에서 15~20분 구우면 됩니다. 속껍질에서 나는 떫은맛과 유통 과정에서 생기는 불순물이 제거되어 깨끗하고 바삭하게 즐길 수 있지요. 반태, 분태 등 다양한 사이즈가 있으니 용도에 맞게 골라서 씁니다.

해바라기씨

알은 작지만 몸에도 좋고 먹는 재미가 있어 다양한 견과류가 들어가는 한과에 빼놓지 않고 넣는 재료입니다. 두세 알 붙여 꽃잎을 만들고 대추채로 꽃대를 만들어 장식해도 예쁘지요. 색이 노르스름하며 전체적으로 고르고 바짝 마른 것보다는 약간 통통한 것이 좋습니다.

호박씨

늙은 호박씨는 아주 담백하면서도 고소한 맛이 납니다. 특히 여러 가지 견과류를 사용할 때는 어두운 색들 사이에서 호박씨의 짙은 녹빛이 포인트가 되기도 하지요. 길쭉하고 납작한 모양이 나뭇잎 같아 주악이나 단자의 장식용으로도 자주 사용됩니다.

헤이즐넛

개암이라고도 부르는 헤이즐넛은 상아빛의 겉이 반질반질한 구형 견과류입니다. 특유의 달콤한 향과 진한 고소함을 지니고 있습니다.

밤

굵게 썰어서 떡 부재료로 넣거나, 곱게 찧어 율란을 만들거나, 윤기 나게 조려 밤초를 만드는 등 떡, 한과에 쓰임이 많은 재료입니다. 색이 누렇게 변하는 것을 막기 위해 껍질을 간 다음에는 작업 전까지 찬물에 담가 놓는 것이 좋습니다. 쇠머리찰떡에 얹거나 고명용으로 채를 썰 때, 율란을 만들 때는 알이 굵은 것을 사용하고, 밤초를 만들 때는 자그마한 밤을 쓰면 더욱 예쁘답니다.

아몬드

고소하고 담백해 많은 사람에게 무난하게 사랑받는 아몬드는 구우면 고소함이 한층 배가됩니다. 견과바, 크런치 등을 만들 때 사용하는데 견과류 중에서도 단단한 편이니 치아가 약한 분께 드릴 때는 다른 견과류로 대체하는 것도 좋습니다. 오븐찰떡 등에 올리는 장식용으로는 얇게 슬라이스 된 제품을 사용하면 식감을 살리면서 고소한 맛도 더할 수 있습니다.

완두배기

익힌 완두콩을 당침해 고운 연둣빛을 그대로 살린 시판 제품입니다. 찰편, 설기 등에 완두배기 하나만 넣어도 그럴싸한 떡이 만들어지니 무척 유용합니다. 단맛을 줄이고 싶으면 한 번 데치고 물기를 제거해서 사용해도 좋습니다.

생강

대추

연근

곳감

단호박 · 단호박고지

석이버섯

생강

알싸하고도 향긋한 생강은 한과에 한과다운 맛과 향을 더해 주는 재료입니다. 차례상에 오르는 약과나 산자 등에서 스치는 생강 향을 느낀 적이 있으실 거예요. 11월이 수확철로 이때가 되면 박박 문질러 흙을 씻어 낸 다음 굵은 부분은 편강을 만들고, 작은 알갱이들은 손질하여 얼린 다음 즙청액이나 시럽을 끓일 때 사용합니다. 쉽게 사용할 수 있도록 손질된 제품을 구할 수도 있는데, 곰팡이가 피거나 썩어서 물컹해진 생강에는 전체적으로 암을 유발하는 독성 물질 '사프롤'이 퍼져 있으므로 썩은 부분이 없는 것을 골라 씁니다.

대추

우리 떡, 한과에 빠져서는 안 되는 재료 중 하나가 바로 대추입니다. 장식으로 쓰거나, 정과용 시럽과 함께 끓여 향을 우려내거나, 잼처럼 끓여 쓰거나, 말려서 먹는 등 용도가 아주 다양하지요. 껍질에 윤기가 있고 알이 굵으면서 수분이 남아 있어 살이 통통한 것, 안쪽 색이 진한 것을 고르면 좋습니다. 통으로 쓰거나 장식용으로 쓸 때는 온전한 것을 고르고, 벌레 먹거나 흠집이 난 것은 그 부분만 도려내고 남은 것을 진하게 졸여 대추고를 만듭니다.

연근

연근은 두드러지는 맛이나 향 없이 아삭거리는 식감이 있는 뿌리채소입니다. 얇게 저며 정과나 칩을 만들 때 사용합니다. 흔히 암연근, 숫연근이 있어 식감이 다르다고들 하지만 한과로 만들면 식감은 거의 사라지니 색을 보고 고릅니다. 속살이 붉은 연근보다는 물들일 때 색이 깨끗하게 들여지도록 색이 희고 맑은 것을 고르는 게 좋습니다. 8월 햇연근으로 만들면 뽀얗고 예쁘지요. 또, 얇게 썰었을 때 일정한 크기가 나오려면 휘거나 굵기가 들쭉날쭉한 것보다 길고 곧은 것을 고르는 게 좋습니다.

곶감

가을에 딴 감을 껍질을 벗겨 말리면 겨우내 먹을 수 있는 간식이 되지요. 설기에 넣고 찌거나 하나씩 집어 먹을 수 있는 간식을 만드는 데 사용합니다. 바짝 마르고 색이 검은 것은 볼품도 없지만 모양을 내기도 어려우니, 겨울에 나는 붉고 속이 꽉 찬 곶감을 바람에 꾸덕하게 말려 사용합니다. 한여름에 곶감으로 오림을 하려고 하면 속이 비어서 가위집을 낸 단면에 군데군데 구멍이 나게 되는데, 그럴 때는 오림을 하기보다는 곶감 호두말이나 곶감단지를 만들어 먹는 것이 좋습니다.

단호박 · 단호박고지

옛날에는 늙은 호박으로만 호박고지를 만들었지만 지금은 사철 구할 수 있는 단호박으로 필요할 때마다 호박고지를 만들어 사용합니다. 한 통만 얇게 썰어 70℃로 온도를 맞춘 건조기에 말린 다음 냉동하면 꽤 오랫동안 두고두고 쓸 수 있습니다. 단호박떡케이크나 송편을 만들 때는 찐 단호박을 으깨 퓌레로 만들어 사용합니다. 단단하고 묵직하고 껍질의 녹색이 균일하게 짙은 것을 고르면 대체로 달고 맛있지요.

석이버섯

산속의 바위 표면에 붙어 자라는 버섯입니다. 가늘게 채 썰어 고명으로 사용하거나 가루를 내서 멥쌀가루에 섞어 석이병을 만들기도 합니다. 석이버섯은 사용 전에 반드시 깔끔하게 손질해야 하는데요, 바짝 마른 석이버섯을 물에 담가 30분 이상 불리는 것이 첫 단계입니다. 적당히 불어 부드러워지면 칼등으로 이끼가 붙은 안쪽 면을 뽀얀 색이 나올 때까지 살살 긁어냅니다. 그리고 돌돌 말아서 채를 썰면 고운 석이채가 완성됩니다. 이렇게 만든 석이채를 방울증편 같이 깨끗한 떡 위에 한 가닥씩 얹으면 마치 수묵화처럼 예쁘지요. 매번 쓸 때마다 곱게 채 썰기 번거로우니 여러 번 쓸 만큼 만든 다음 냉동해서 사용하세요.

꿀

복분자청

간장

참기름

막걸리

유자청

계핏가루 · 통계피

조청

캐러멜소스

꿀

정과 등을 조릴 때 마지막에 넣거나 떡용 쌀가루에 넣고 비벼 달콤한 맛과 윤기, 향을 더하는 재료입니다. 밤꿀이나 아카시아꿀보다는 색과 향이 너무 도드라지지 않는 잡화꿀을 사용하세요.

복분자청

고운 자줏빛과 상큼한 맛을 내는 복분자청은 여름 복분자 철에 만들어 두고두고 사용할 수 있지요. 깨끗하게 씻은 복분자와 복분자 양의 30% 정도 되는 설탕을 넣고 약불에서 조린 다음, 복분자가 어느 정도 익어 뭉개지기 시작하면 씨를 걸러 내 잼보다 약간 묽도록 마저 조리면 완성됩니다.

간장

두텁떡, 약식에 들어가 소금과는 다른 감칠맛과 먹음직스러운 색을 내는 재료입니다. 짠맛이 강하지 않고 달짝지근한 진간장을 사용합니다. 간장으로 물주기 하는 떡은 빻을 때 소금을 섞지 않은 쌀가루를 사용하니 주의하세요.

참기름

떡과 한과에 고소한 향을 더하는 재료입니다. 절편, 송편 등에 발라 먹음직스러운 광택을 주기 위해서도 사용합니다. 이때는 참기름의 옅은 갈색이 떡의 맑은 빛을 해치지 않도록 동량의 식용유를 섞어서 얇게 발라 보세요.

막걸리

증편, 주악을 만들 때 반죽용으로 쓰거나 대추약편 등을 만들 때 수분 주는 용으로 사용합니다. 막걸리로 물주기 한 떡은 부드럽고 풍미가 좋습니다. 증편, 주악 반죽을 할 때는 막걸리의 효모 성분이 살아 있어야만 반죽이 부풀어 오를 수 있으니, 반드시 멸균막걸리가 아닌 생막걸리를 사용하세요.

유자청

고급스러운 유자 향을 더해 주는 재료로, 쉽게 구할 수 있는 시판 제품을 사용합니다. 시럽까지 들어가면 재료가 질어지고 지나치게 달아질 수 있으니 체에 받쳐 물기를 빼고 건지(건더기)만 사용합니다.

계핏가루 · 통계피

떡, 강정, 약과 등 우리 음식을 만들 때 다양하게 사용하는 대표적인 향신료입니다. 즙청액이나 시럽 만들 때 사용하는 통계피와 계핏가루는 서로 대체할 수 있습니다.

조청

엿기름으로 삭힌 쌀을 오랜 시간 고아 묽게 만든 엿을 조청이라고 하지요. 약과, 주악용 즙청액 만들 때, 강정용 시럽 끓일 때 빠지지 않는 재료입니다. 마트 물엿 파는 코너에서 쉽게 구할 수 있는 쌀조청을 사용합니다.

캐러멜소스

약식, 잡과병을 만들 때 넣으면 깊은 맛과 먹음직스러운 색을 내는 재료입니다. 시판되는 제품도 있지만 그때그때 직접 만들어 사용하는 것을 선호해요. 냄비에 설탕 90g과 물 50g을 넣어 약불에서 젓지 않고 전체적으로 갈색이 날 때까지 끓인 다음 뜨거운 물 50g, 물엿 15g을 섞어 마무리합니다. 필요한 만큼 쓰고 남으면 냉장 보관했다가 전자레인지에 살짝 데워 쓸 수 있습니다.

자색고구마가루

청치자가루

홍국쌀가루

모싯잎가루

백년초가루

코코아가루

딸기주스가루

말차가루

천연색소(그린)

치자가루

홍국쌀가루

붉은색을 낼 때 사용하는 쌀가루입니다. 소량만 넣어도 색이 짙으니 손가락 끝으로 집어 조금씩 더해 가며 양을 조절하세요.

청치자가루

치자에서 청색 색소를 추출해 만든 혼합색소입니다. 분말 자체는 청회색에 가깝지만 색 낼 때 사용하면 아주 진한 파랑이 되니 양 조절에 유의해야 해요. 적당히 사용하면 보기 좋지만 너무 진하면 파란색의 특성상 식욕을 떨어뜨릴 수 있지요.

자색고구마가루

진보라색을 낼 때 쓰는 재료입니다. 송편 같은 떡에는 찐 고구마를 으깨어 쓰면 좋지만, 물들임용 반죽이나 시럽에 색을 낼 때는 자색고구마가루를 사용하면 편리하고 색도 예쁘답니다.

모싯잎가루

짙고 어두운 녹색을 내는 재료로 모시송편이나 절편을 만들 때 사용합니다. 모싯잎을 삶아서 쌀가루에 섞어 쓰기도 하지만 시판되는 모싯잎가루를 이용하면 편리하지요. 색뿐만 아니라 모시 향이 더해져서 장식용 꽃절편을 만들 때도 자주 사용됩니다. 날반죽 상태일 때는 연녹빛을 띠다가 찌고 나면 아주 진한 쑥빛이 돕니다.

코코아가루

쓰는 양에 따라 연갈색에서 고동색까지 낼 수 있는 재료입니다. 무쌈정과, 호박송편, 절편 등에서 갈색을 낼 때 사용합니다. 멥쌀가루에 살짝 섞어 물주기 한 다음 패턴설기 무늬를 만들 때 쓰기도 합니다.

치자가루

밝은 노란색을 낼 수 있는 재료입니다. 치자가루는 색이 진하여 조금만 넣어도 되므로 쌀가루에 넣을 때는 소량만 사용합니다. 말린 치자열매가 있다면 마찬가지로 색 낼 때 사용할 수 있는데, 반을 갈라 따뜻한 물에 담가 두면 추출되는 노란색 물을 고운체에 받쳐서 사용해요.

천연색소(그린)

맑은 초록빛을 내는 재료로 치자에서 추출한 청색소와 황색소를 조합해 만든 혼합색소입니다. 가루 자체는 회갈색이 돌아 알아보기 쉽지 않으니 용기에 소분해 놓는다면 반드시 재료명을 표기해 두세요. 적은 양으로도 예쁜 초록색을 낼 수 있답니다.

말차가루

연두빛, 카키색을 내는 말차가루는 발색이 좋고, 열에 강해서 떡케이크에도 많이 사용합니다. 색이 비슷하고 가격이 저렴한 시금치가루를 사용해도 좋습니다.

딸기주스가루

진분홍색을 내는 재료입니다. 백년초가루 등 붉은색을 내는 재료가 열에 약해 찌거나 튀기면 색이 옅어지는 특성이 있어, 대체하기 위해 사용합니다.

백년초가루

자주빛을 내는 재료입니다. 열에 약해 오랜 시간 찌거나 튀기는 떡, 한과에는 적합하지 않습니다. 가열 시간이 짧은 강정, 견과류크런치 등이나 쪄낸 뒤 치대는 절편, 바람떡 등에 넣어 색을 냅니다.

쑥갓

말린 수레국화

말린 과일

말린 진달래

타임

말린 천일홍

식용금박

감태

쑥갓

화전, 찹쌀부꾸미, 꽃인절미 등을 장식할 때 사용합니다. 주로 작고 예쁜 잎을 골라 대추꽃, 대추말이꽃과 함께 붙이지요. 잎이 너무 크지 않고 누렇게 시든 잎이 없는 쑥갓을 구입하면 좋습니다.

말린 수레국화

6월에 핀 무공해 수레국화를 건조해 만든 음료용 제품을 구해 사용합니다. '수레국화 꽃차'를 검색하면 온라인에서도 쉽게 구할 수 있습니다. 고운 파란색이 이 꽃의 매력인데 상온에 두면 빛이 바래는 경우도 있으니 냉장 또는 냉동 보관하세요.

말린 과일

여러 가지 과일강정을 만들 때 장식용으로 사용합니다. 과일을 깨끗이 씻어 0.3㎝ 두께로 자른 다음 50℃에서 4~5시간 동안 수분이 거의 날아가 종이만큼 얇아지고 부드럽게 휘어지는 상태가 될 때까지 말리면 완성되지요. 한 번에 많이 말려 두고 밀봉하여 냉동 보관하면 3~4달까지 쓸 수 있습니다. 강정용 과일은 농익어서 뭉그러지는 과일보다는 단단한 과일을 사용하세요.

말린 진달래

화전 재료인 진달래는 개화 시기인 3월 말, 4월 초에 사용하면 가장 좋지만 한 철만 쓰기 아쉬워 말려 두곤 하지요. 꽃술을 뗀 다음 40~50℃ 건조기에서 말려 냉동 보관합니다.

타임

방울증편이나 인삼편정과 등을 장식할 때 타임을 얹어 작은 나뭇잎과 연둣빛 줄기를 표현합니다. 로즈메리나 봄에 나는 세발나물 등으로 대체할 수 있습니다. 타임이나 로즈메리로 장식할 때는 허브 향이 튈 수 있으니 소량만 사용하는 게 좋습니다.

말린 천일홍

7~10월에 피는 천일홍을 진홍빛을 살려 건조한 제품을 구해서 사용합니다. '천일홍 꽃차'를 검색하면 온라인에서 구매할 수 있지요. 색이 변하지 않도록 냉동 보관하며, 한데 모인 꽃송이를 한 잎씩 떼어 사용합니다.

식용금박

곶감단지, 다식, 개성약과 등을 장식할 때 사용합니다. 선물용 제품에 소량만 얹어도 제품의 격이 달라 보이지요. 젓가락이나 끝이 뾰족한 핀셋으로 집어서 장식합니다.

감태

강정에 장식용으로 사용합니다. 향긋한 바다 내음이 살아 있도록 굽지 않은 생감태를 쓰는 것이 좋습니다. 초록색이 진하고 도톰한 것을 구입하여 냉동실에 보관하세요.

팥고물 만들기

1 깨끗이 씻은 팥에 물을 넉넉히 붓고 끓어오르면 약 2~3분 동안 더 삶고 물을 따라낸다.

2 팥의 8~10배의 물을 붓고 중약불로 약 1시간 동안 삶는다.

3 팥이 푹 무를 만큼 익으면 여분의 물을 따라내고 주걱으로 뒤적여 가며 수분을 날린다.

5 스텐볼에 팥을 넣고 뜨거울 때 절굿공이로 찧는다.

　도움말 I 보드라운 고물을 원하면 알갱이가 모두 터지도록 빻고, 통팥을 쓸 경우는 조금만 찧는다.

6 넓은 쟁반에 펼쳐 식힌다.

3-1

3-2

5

팥앙금 만들기

마른팥 1/2컵, 소금 1g, 설탕 30g, 물엿 25g, 물 15g

1 깨끗이 씻은 팥에 물을 넉넉히 붓고 끓어오르면 약 2~3분 동안 더 삶고 물을 따라낸다.

2 팥의 8~10배의 물을 붓고 중약불로 약 1시간 동안 삶는다.

3 푹 무르게 삶아진 팥이 적당히 식으면 주물러 으깬 다음 체에 내려 껍질을 걸러 낸다.

4 체에 내린 팥앙금을 면포로 꼭 짜 물기를 뺀 뒤 소금, 설탕, 물엿, 물을 넣고 알맞게 조린다.

　도움말 I 적당한 농도가 되면 불을 끄고 잔열을 이용해 남은 수분을 날린다.

5 넓은 쟁반에 펼쳐 식힌다.

3-1

3-2

4

거피팥고물 만들기

1 거피팥은 깨끗이 씻어 4~5시간 이상 충분히 불린다.
2 불린 거피팥은 손으로 여러 번 비벼 씻어 속껍질을 깨끗이 제거한다.
3 작은 체로 물 위에 뜬 껍질을 모두 건져 낸다.
   도움말 I 거피팥은 물을 갈아 가며 여러 번 헹구면 고유의 맛과 향이 가벼워지므로 불린 물 그대로 작업한다.
4 찜기에 면포를 깔고 팥을 안친 다음 김 오른 물솥에 얹어 1시간 동안 푹 무르도록 찐다.
5 볼에 쏟아 절굿공이로 대충 찧은 뒤 팥이 아직 뜨거울 때 굵은체에 쏟아 나무주걱으로 으깨어 가며 내린다.
6 넓은 쟁반에 펼쳐 식힌다.

녹두고물 만들기

1 거피한 녹두는 깨끗이 씻어 4~5시간 이상 충분히 불린다.
2 불린 녹두를 손으로 여러 번 비벼 씻어 속껍질을 깨끗이 제거한다.
3 작은 체로 물 위에 뜬 껍질을 모두 건져 낸다.
4 찜기에 면포를 깔고 녹두를 안친 다음 김 오른 물솥에 얹어 1시간 동안 푹 무르도록 찐다.
5 볼에 쏟아 절굿공이로 대충 찧은 뒤 녹두가 아직 뜨거울 때 굵은체에 쏟아 나무주걱으로 으깨어 가며 내린다.
6 넓은 쟁반에 펼쳐 식힌다.

참깨고물 만들기

1 분쇄기에 볶은 거피참깨와 참깨 무게의 1% 만큼의
   천일염을 넣고 굵게 간다.
   도움말 ┃ 한 번에 오래 갈면 기름이 배어나 뭉쳐질 수 있으니 여러
   번 짧게 끊어 가며 분쇄한다.
   도움말 ┃ 고물 입자가 너무 고우면 식감이 덜하니 통깨가 반 정도
   남아 있도록 가볍게 간다.

흑임자고물 만들기

1 분쇄기에 흑임자와 흑임자 무게의 1% 만큼의 천일염
   을 넣고 굵게 간다.
   도움말 ┃ 한 번에 오래 갈면 기름이 배어나 뭉쳐질 수 있으니 여러
   번 짧게 끊어 가며 분쇄한다.
   도움말 ┃ 고물 입자가 너무 고우면 식감이 덜하니 통깨가 반 정도
   남아 있도록 가볍게 간다.

잣가루 만들기

1 잣 고깔을 떼고 젖은 면포로 문질러 먼지를 닦아 낸다.
2 잣을 키친타월 사이에 놓고 밀대로 밀어 으깬다.
   도움말 ┃ 잣기름이 많이 배어 나오면 새 키친타월로 바꾸어 사용한다.
3 키친타월에 으깬 잣을 놓고 칼로 곱게 다진다.
4 잠시 두어 보슬보슬하게 마르면 밀폐용기에 담아 냉동
   보관한다.
   도움말 ┃ 회전식 치즈 강판에 갈면 더 편리하다.

1

2

3

대추장식 만들기

1 씨를 중심으로 돌려 깎아 넓은 판 모양으로 만든다.
2 돌려 깎은 대추를 여러 장 겹쳐 가늘게 채 썬다.→ 대추채
3 돌려 깎은 대추를 빈틈없이 돌돌 만 다음 말려 있는 단면이 보이도록 얇게 썬다.→ 대추말이꽃
4 돌려 깎은 대추를 넓게 펼친 다음 지름 1㎝ 매화 모양 커터로 찍어 낸다.→ 대추꽃

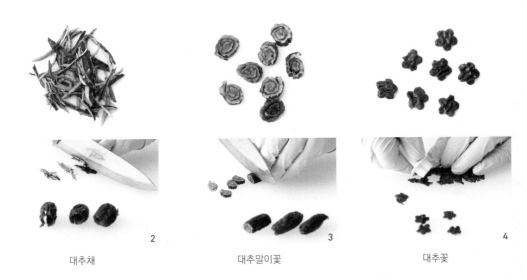

대추채   대추말이꽃   대추꽃

대추고 만들기

1 대추는 꼭지를 따고 흐르는 물에 깨끗이 씻는다.
2 대추 양의 약 2배의 물을 함께 넣고 약불로 끓인다.
    도움말 I 반쯤 익은 대추를 주걱으로 눌러 터뜨려 놓으면 빨리 익는다.
3 대추가 푹 익으면 불을 끄고 뚜껑을 덮은 채로 식힌다.
4 대추를 나무주걱으로 으깨어 가며 중간체에 내려 씨를 발라낸다.
5 체에 내린 대추고를 팬에서 볶아 수분을 날린다.
6 완전히 식혀 소분한 다음 냉동 보관한다.

떡 기본 공정

떡을 만들기 전에 알아야 할 기본 공정을 소개합니다.
모든 공정을 소홀히 하지 않고 정성을 다해야
맛으로나, 모양새로나 완성도 높은 떡을 만들 수 있습니다.

쌀 씻기 ⇨ 불리기 ⇨ 가루내기 ⇨ 물주기 ⇨ 체에 내리기 ⇨ 반죽하기* ⇨

부재료 넣기 ⇨ 안치기 ⇨ 찌기 ⇨ 치대기 ⇨ 식히기

* 반죽하기: 송편, 경단, 부꾸미 등을 만들 때 필요한 과정으로 주로 뜨거운 물을 넣어 익반죽한다.

── 기 본 공 정 ❶ ──────────

쌀 불리기

쌀을 깨끗이 씻어 혹시 섞여 있을지 모르는 티끌과 이물질을 잘 헹궈 내고 불립니다. 습하고 기온이 높은 여름에는 4~5시간, 건조하고 기온이 낮은 겨울에는 7~8시간 동안 물에 담가 둡니다. 여름철에는 실내 기온이 너무 높아 쌀이 다 불기 전에 쉬어 버릴 수 있으니 물을 한두 번 갈아 가며 불리는 것이 좋습니다. 쌀이 다 불으면 소쿠리에 건져 30분 동안 물기를 빼는데, 이때 무게를 재 보면 멥쌀은 처음보다 1.2~1.3배 더 나가고, 찹쌀은 수분을 머금는 성질이 강해서 무게가 1.4배까지 늘어나게 됩니다.

불린 멥쌀

불린 찹쌀

가루내기

쌀을 물에 불려 빻은 것을 습식쌀가루, 마른 쌀을 그대로 빻은 것을 건식쌀가루라 부릅니다. 건식쌀가루는 마트에서 쉽게 구할 수 있지만 떡을 만들 때는 습식쌀가루를 사용하는 것이 좋습니다. 수분을 머금고 있는 습식쌀가루로 만든 떡이 훨씬 차지고 촉촉하기 때문이지요. 습식쌀가루는 방앗간에 맡겨 빻거나, 온라인에서 구매해 사용합니다. 소분한 다음 잘 밀봉해 냉동하면 2~3달 보관이 가능합니다. 떡을 할 때는 일반적으로 불린 쌀의 1.2%만큼의 천일염으로 간을 한 습식쌀가루를 사용하니 온라인쇼핑몰에서 습식쌀가루를 구할 때는 표기사항을 잘 확인해서 구입하도록 합니다.

쌀가루 만들기

1 불린 쌀 무게의 1.2%만큼의 천일염을 넣고 섞는다.

2 방아기계에 넣고 처음엔 조금 굵게, 그 다음엔 곱게 총 두 번 빻는다.

　　도움말 l 보통 방앗간에서는 물주기 하는 번거로움을 줄이기 위해 두 번째 빻을 때 불린 쌀 무게의 10%만큼 물을 넣는다. 하지만 떡을 할 때 과일청, 퓌레 등 수분이 풍부한 부재료를 넣으면 떡이 질어지기 쉬우므로 집에서 가루를 낼 때는 두 번 모두 물 없이 빻는 것이 좋다.

　　도움말 l 찹쌀가루를 너무 곱게 빻으면 떡을 찔 때 조밀한 입자 사이로 김이 빠져나가지 못한다는 말도 있지만 아주 많은 양을 한꺼번에 찌는 것이 아니면 두 번 빻아도 된다.

3 빻은 쌀가루는 중간체에 한 번 내린 다음 필요한 양만큼 소분하여 냉동 보관한다.

　　도움말 l 체에 내리지 않고 냉동하면 사용할 때 뭉친 쌀가루가 잘 풀어지지 않아 불편하다.

　　도움말 l 냉동한 쌀가루는 사용하기 하루 전 냉장고에 넣어 해동한다.

멥쌀가루

찹쌀가루

물주기

쌀가루에 물을 비벼 섞어 중간체에 내리는 것을 뜻합니다. 쌀을 불리지 않고 빻은 건식쌀가루는 비교적 일정한 양의 물을 넣어 물주기를 하지만, 쌀을 불려 빻은 습식쌀가루는 쌀가루 자체가 가지고 있는 수분량에 따라 이 과정에서 넣는 물의 양이 크게 달라집니다. 물주기는 찹쌀가루, 멥쌀가루에 상관없이 동일한 방법으로 이루어집니다. 정해진 양의 물을 넣는다 생각하지 말고, 일정 범위 안에서 한 숟가락씩 물을 넣고 비벼 섞으며 수분량을 확인합니다.

1 냉동한 습식쌀가루는 상온 해동하거나 냉장 해동하여 준비한다.
2 계량스푼을 사용해 쌀가루에 물을 넣는다.
3 손가락을 갈고리 모양으로 만들어 섞는다.
4 전체적으로 수분이 고루 퍼지도록 쌀가루를 손바닥으로 비빈다.
5 한 손에 쌀가루를 힘주어 쥐어 수분량을 확인한다.
6 수분량이 부족해 쥔 쌀가루가 쉽게 부스러지면 물을 조금 더 넣고 앞의 과정을 반복한다.
7 수분량이 맞춰지면 중간체에 두 번 내려 마무리한다.

물주기를 마친 쌀가루

손으로 꼭 쥐었을 때 하나로 뭉쳐지며, 손가락으로 가운데를 살짝 눌러 쪼개면 여러 조각으로 부서지지 않고 촉촉한 상태로 2등분됩니다.

물주기가 부족한 쌀가루

손으로 꼭 쥐었을 때 하나로 뭉쳐지지 않거나, 뭉쳐지더라도 쪼갰을 때 잔가루가 함께 부서지는 건조한 상태입니다. 이 상태로 안치면 표면이 메마르거나 갈라지고 빨리 굳는 떡이 됩니다. 단, 상추시루떡, 무시루떡 등과 같이 수분이 많은 부재료와 함께 찌는 떡은 이 정도에서 멈추는 것이 더 좋습니다.

물주기가 과한 쌀가루

손으로 뭉치지 않아도 몽글몽글하게 덩어리지는 상태입니다. 수분의 양이 지나치게 많으면 떡이 질어지고 멥쌀로 만든 설기의 경우 표면이 거칠어지지요. 하지만 절편, 바람떡 등 치대는 멥쌀떡은 치대는 과정에서 수분 손실이 생기기 때문에 이 정도까지 물주기를 하는 것이 더 좋습니다.

안치기

물주기를 마친 쌀가루를 찜기에 담는 과정을 뜻합니다. 쌀가루의 종류와 떡의 종류에 따라 안치는 방법이 다르지요. 쌀가루를 잘 익히기 위해 한 가지 주의할 것이 있다면, 찜기에 안친 쌀가루 사이에 뜨거운 김이 통과할 수 있는 공간이 충분해야 한다는 점입니다. 설기를 안친 다음 윗면을 평평하게 정리할 때 강한 압력을 가하거나, 많은 양의 찹쌀가루를 안칠 때 주먹 쥐어 얹지 않으면 일정 시간 찐 후에도 채 익지 않은 날가루가 남을 수 있습니다.

멥쌀 설기 안치기

1 찜기에 시루밑 두 장을 깔고 스텐틀을 얹는다.
　　도움말 | 시루밑에는 자잘한 구멍이 있기 때문에 가루가 떨어지지 않도록 두 장씩 준비한다.
2 스텐틀 안쪽 가장자리부터 멥쌀가루를 빈 곳 없이 채운다.
3 다 채운 다음 스크레이퍼로 윗면을 평평하게 정리한다.

찹쌀 인절미 안치기

1 찜기에 젖은 면포를 깔고 설탕을 흩뿌린다.
　　도움말 | 설탕을 뿌리면 찹쌀떡의 찰기 때문에 면포에 들러붙는 것을 방지할 수 있다.
2 물주기 한 찹쌀가루를 한 줌씩 가볍게 쥐어 안친다.
　　도움말 | 찹쌀가루를 뭉쳐서 안치면 덩어리와 덩어리 사이로 김이 통과해 날가루 없이 잘 익는다.

칼금 넣기

설기를 찌기 전에 미리 재단선을 잡아 작은 칼로 금을 긋는 과정을 뜻합니다. 패턴설기, 잣설기처럼 완성 후 분할이 필요한 설기에 주로 사용합니다. 단단하고 입자가 큰 부재료가 들어가는 무시루떡, 잡과병 등에는 적합하지 않습니다.

1 스텐틀에 안친 멥쌀가루 위로 칼금판을 살짝 얹어 칼금선을 낸다.
2 작은 과도 끝을 칼금선에 천천히 밀어 넣고 칼을 비스듬히 꽂은 채로 아래위로 슬근슬근 움직여 곧게 칼금을 넣는다.

간격주기

멥쌀가루를 안칠 때 모양을 잡기 위해 사용한 스텐틀을 좌우로 움직여서 쌀가루와 스텐틀 사이에 틈을 만드는 것을 뜻합니다. 간격주기를 하면 틀이 닿은 가장자리가 다져져 완성된 설기의 옆면이 매끈해지고, 찐 다음 틀을 분리할 때 옆면이 뜯겨 거칠게 일어나는 현상을 막을 수 있습니다. 이 과정을 거치지 않으면 스텐틀이 닿은 가장자리의 멥쌀가루가 열을 지나치게 많이 받은 나머지 말라 버려 허옇게 일어날 수도 있지요.

멥쌀 시루떡   찹쌀 시루떡

도움말 | 같은 스텐틀을 사용하더라도 찰편을 찔 때는 간격주기를 하지 않습니다. 찹쌀가루의 특성상 찌고 나면 옆으로 퍼지는 성질이 있기 때문이지요. 찰편은 스텐틀을 빼지 않은 채로 찌고, 찐 다음 젓가락으로 틀에 붙은 떡을 조심조심 떼어 내 분리합니다.

치대기

쪄서 익힌 떡을 절굿공이로 치거나 손으로 마찰을 가해 차지게 만드는 과정을 뜻합니다. 위생장갑, 믹싱볼, 절굿공이 등 사용하는 도구에 식용유를 살짝 바르면 떡이 덜 달라붙어 수월하게 작업할 수 있습니다. 가정용 펀칭기를 사용하면 더욱 편리하게 치댈 수 있으며, 멥쌀로 만든 절편, 바람떡은 실리콘매트 위에 놓고 손으로 치대도 좋습니다.

떡 옮기기

다 쪄진 설기를 뒤집어 가며 찜기에서 그릇이나 케이크판으로 옮길 때 손자국이나 시루밑 자국을 남기지 않고 눌리지 않게 옮기는 방법입니다.

1 찜기에 큰 접시를 엎어 얹는다.
2 접시와 찜기를 손끝으로 잡고 떡이 미끄러지지 않도록 재빠르게 뒤집는다.
3 찜기를 벗겨 낸 다음 스텐틀을 조심스럽게 들어낸다.
4 비슷한 크기의 접시나 케이크판을 떡 위에 다시 얹는다.
5 두 접시를 손끝으로 잡고 떡이 미끄러지지 않도록 재빠르게 뒤집는다.

1

2

3

4

5-1

5-2

명절, 생일 등 특별한 날 마음을 전하기 좋은 선물용 떡과 한과를 소개합니다.
손은 조금 많이 가지만 보내는 이의 정성과 품격을 보여 줄 수 있을 거예요.
영업점에서는 명절 선물이나 맞춤 제품으로 활용할 수 있겠지요.
제품 특성에 맞는 용기와 포장을 더해 선물용 떡과 한과를 준비해 보세요.

마음을 전하는
선물 떡·한과

각색단자

단자는 찹쌀가루를 쪄서 치댄 뒤 모양을 빚어 꿀과 고물을 묻힌
떡이에요. 특히 이 각색단자는 밤, 대추, 석이버섯 고물과 유자 향을
품은 거피팥소의 조화가 일품으로, 떡 중에서도 손이 많이 가는 편이라
귀한 선물로 자주 쓰인답니다.

20개 분량	재료	찹쌀가루	300g	소	밤	2개
상온에서 하루까지 보관		물	약 25g		대추	3개
		설탕	30g		유자청 건지	1작은술
					거피팥고물	90g
	고물	석이버섯	3장		→ 거피팥고물 만들기 p.33	
		밤	6개			
		대추	6개			
		잣가루	약간			
		→ 잣가루 만들기 p.34				

고물 만들기

1 석이버섯은 따뜻한 물에 불려 깨끗하게 씻어 낸 뒤 돌돌 말아 곱게 채 썬다.
2 밤은 껍질을 벗겨 얇게 썰고 대추는 돌려 깎아 씨를 뺀 뒤 각각 곱게 채 썬다.

소 만들기

1 밤은 껍질을 벗기고 대추는 돌려 깎아 씨를 뺀 뒤 유자청 건지와 함께 잘게 다진다.
2 거피팥고물, 다진 밤, 다진 대추, 유자청 건지를 섞어 소를 만든다.
3 8g씩 나눠 동그랗게 빚는다.

물주기

1 찹쌀가루에 물을 넣고 손으로 고루 비빈다.
   도움말 ǀ 천일염이 1.2% 포함된 습식찹쌀가루를 사용한다.
2 중간체에 내린 뒤 설탕을 넣고 가볍게 섞는다.

안치기 · 찌기

1 젖은 면포를 깐 찜기에 찹쌀가루를 주먹 쥐어 안친다.
   도움말 ǀ 찹쌀가루를 뭉쳐서 안치면 덩어리와 덩어리 사이로 김이 통과해 날가루 없이 잘 익는다.
2 김 오른 물솥에 찜기를 얹고 강불로 약 20분, 약불로 약 5분 동안 찐다.

모양내기

1 떡을 볼에 넣고 절굿공이로 치대어 15g씩 분할한 뒤 소를 넣고 동그랗게 빚는다.
2 채 썬 고물을 한 그릇에 넣고 버무린 뒤 빚은 떡을 골고루 굴린다.
3 잣가루를 소복하게 올려 마무리한다.

고물 만들기 2

소 만들기 3

안치기 · 찌기 1

모양내기 1

모양내기 2

궁중약식

고슬고슬한 찹쌀밥에 꿀, 간장, 밤, 대추 등을 넣고
쪄낸 전통약식입니다. 양념해 숙성시킨 다음
다시 한번 쪄냈기 때문에 풍미가 좋고
더욱 부드럽지요. 뭉근한 불로 푹 고아 만든
대추고를 넣어 더욱 깊은 맛이 난답니다.

일곱 공기 분량
상온에서 하루까지 보관

재료	찹쌀	550g		대추고	30g
	밤	5개		→ 대추고 만들기 p.35	
	대추	7개		캐러멜소스	30g
	황설탕	90g		소금	1g
	참기름A	22g		꿀	약간
	진간장	20g		계핏가루B	약간
	계핏가루A	0.5g		참기름B	약간
				잣	1큰술

준비하기

1 찹쌀은 씻어 5시간 이상 충분히 불린 뒤 물기를 뺀다.
2 찜통에 면포를 깔고 찹쌀이 푹 무르도록 강불로 약 1시간 동안 찐다.
　도움말 | 찹쌀이 잘 익으면 반투명하게 변한다.
3 밤은 속껍질까지 벗기고 대추는 씨를 발라 낸 뒤 4~6등분한다.

섞기

1 쪄낸 찹쌀이 뜨거울 때 큰 그릇에 쏟은 뒤 황설탕을 넣고 밥알이
　한 알씩 떨어지도록 주걱으로 고루 섞는다.
　도움말 | 주걱을 세워 가르듯이 섞으면 밥알이 으스러지지 않고 잘 섞인다.
2 참기름A, 진간장, 계핏가루A, 대추고, 캐러멜소스, 소금을 넣고
　섞는다.
3 손질한 밤, 대추를 섞은 뒤 2시간 이상 상온에 두어 전체적으로
　맛이 배도록 한다.

안치기 · 찌기

1 찜기에 젖은 면포를 깔고 양념한 찹쌀밥을 안친다.
2 김 오른 물솥에 찜기를 얹고 강불로 약 40분 동안 찐다.

마무리하기

1 그릇에 쏟아 꿀, 계핏가루B, 참기름B, 잣을 섞는다.
　도움말 | 찌는 과정에서 날아간 계피 향을 보충하기 위해 계핏가루를 조금만 더
　넣는다. 꿀을 약간 넣으면 약식에 윤기가 돌아 먹음직스러워 보인다.

준비하기 2
섞기 2
안치기 · 찌기 1
마무리하기 1

무지개떡케이크

켜마다 다른 색을 넣어 아이들이 특히 좋아하는
무지개설기를 케이크 형태로 만든 것입니다.
취향에 따라 여러 재료로 색을 들이고 장식을 올려
특별한 기념일을 축하해 보세요.

1호 원형틀(15×6㎝) 1개 분량
상온에서 하루까지 보관

재료	흰색	
	멥쌀가루	50g
	물	약 12g
	설탕	5g

	노랑	
	멥쌀가루	150g
	치자가루	약간
	물	약 33g
	설탕	15g

	분홍	
	멥쌀가루	150g
	홍국쌀가루	약간
	물	약 33g
	설탕	15g

	초록	
	멥쌀가루	150g
	말차가루	약간
	물	약 33g
	설탕	15g

물주기

1 멥쌀가루를 분량대로 나눈 뒤 각각의 색 내기 재료를 넣어 섞는다.

　도움말 | 천일염이 1.2% 포함된 습식멥쌀가루를 사용한다.

2 각각의 멥쌀가루에 물을 넣고 손으로 고루 비빈다.

3 멥쌀가루를 중간체에 세 번 내리고 설탕을 넣어 섞는다.

4 색 입힌 멥쌀가루를 각각 1/2컵씩 덜어 둔다.

안치기 · 찌기

1 찜기에 시루밑을 두 장 깔고 1호 원형틀을 얹는다.

2 녹색 → 분홍색 → 노란색 → 흰색 순으로 한 층씩 스크레이퍼로 평평하게 정리해 가며 안친다.

　도움말 | 흰 멥쌀가루가 맨 윗면에 가도록 한다.

3 틀을 좌우로 움직여 공간을 만든 뒤 틀을 빼낸다.

4 김 오른 물솥에 찜기를 얹고 강불로 약 20분, 약불로 약 5분 동안 찐다.

5 떡이 다 쪄지면 포장용 케이크판 위에 옮기고 마르지 않도록 젖은 면포로 덮어 식힌다.

　도움말 | 비닐이나 랩을 덮어 두면 수증기가 맺혀 떡이 젖을 수 있으니 반드시 젖은 면포를 사용한다.

장식하기

1 남겨 둔 세 가지 색 멥쌀가루를 섞이지 않도록 나누어 한 찜기에 안치고 약 15분 동안 찐다.

　도움말 | 양이 많지 않으므로 세 가지 가루를 각각 젖은 면포나 해동지로 감싸 한꺼번에 찐다.

2 뜨거울 때 실리콘매트 위로 옮겨 끈기가 생기고 매끈해지도록 치댄다.

3 밀대를 이용해 0.3㎝ 두께로 민 뒤 지름 3㎝ 수국 모양 틀로 찍는다.

4 틀로 찍은 떡을 살짝 오므려 꽃 모양을 내고 떡케이크 위에 얹어 장식한다.

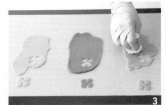

물주기

안치기 · 찌기

장식하기

수수팥떡

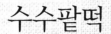

첫돌부터 열 살 되는 해까지 매년
아이의 생일마다 만들어 주었다는 수수팥떡.
수수와 팥의 붉은색이 귀신을 내쫓는다 하여
아이의 무탈함을 기원하며 나누어 먹었다지요.

20개 분량	재료	찰수수가루	175g	고물	팥고물	150g
상온에서 하루까지 보관		찹쌀가루	50g		→ 팥고물 만들기 p.32	
		설탕	10g		설탕	20g
		물	약 40g		소금	1g
					계핏가루	약간

고물 만들기

1 마른 팬에 팥고물과 설탕, 소금, 계핏가루를 넣고 볶아 수분을 완전히 날린다.

2 넓은 쟁반에 펼쳐서 식힌다.

도움말 | 넓은 쟁반에 식히면 남아 있는 수분도 날리고, 열기도 빨리 식어서 팥고물이 잘 쉬지 않는다.

반죽하기

1 찰수수가루, 찹쌀가루, 설탕을 섞어서 중간체에 내린다.

도움말 | 천일염이 1.2% 포함된 습식찰수수가루, 습식찹쌀가루를 사용한다.

2 끓는 물을 한 숟가락씩 넣어 가며 익반죽한다.

도움말 | 반죽이 매끈하고 말랑해질 때까지 오래 치댄다.

3 떡을 13g씩 떼어 동그랗게 빚는다.

익히기 · 모양내기

1 끓는 물에 넣어 삶다가 떡이 동동 떠오르면 잠깐 더 끓인 뒤 건져 낸다.

2 찬물에 헹군 뒤 마른 면포에 밭쳐 물기를 뺀다.

도움말 | 찬물에 헹구면 빨리 식기도 하고, 탱탱하게 모양이 잡힌다.

3 식힌 팥고물에 굴려 마무리한다.

고물 만들기
1

반죽하기
3

익히기 · 모양내기
1

3

단호박떡케이크

일 년 내내 포근포근, 달달하게 먹을 수 있는 단호박설기입니다.
하얀 쌀가루에 삶은 단호박을 조금 섞어 체에 내리면
노오란 색으로 변하는 게 참 신기하고 예쁘지요.
케이크 모양으로 쪄서 호박 모양으로 빚은 떡 몇 개
올려 장식하면 훌륭한 떡케이크가 된답니다.

	재료	멥쌀가루A	500g	장식용	멥쌀가루B	30g
1호 원형틀(15×6cm) 1개 분량		단호박A	100g		물	10g
상온에서 하루까지 보관		물	약 45g		모싯잎가루	약간
		설탕A	40g		코코아가루	약간
		단호박B	30g			
		설탕B	10g			

준비하기

1 단호박B는 껍질과 씨를 제거한 뒤 0.5 cm 두께로 썰어 설탕B에
  버무리고, 부드럽게 절여지면 키친타월을 이용해 수분을 없앤다.
  도움말 | 단호박을 절이지 않으면 찌는 과정에서 수분이 빠져나와 떡이 질어진다.

물주기

1 단호박A는 껍질과 씨를 제거하고 찜기에 넣어 강불로 20분 이상
  물러지도록 찐다.
2 멥쌀가루A에 단호박A를 으깨면서 섞은 다음 물을 넣고 손으로
  고루 비빈다.
  도움말 | 천일염이 1.2% 포함된 습식멥쌀가루를 사용한다.
  도움말 | 단호박을 으깨 넣었으므로 물을 조금씩 넣어 수분량을 조절한다.
3 중간체에 내린 뒤 설탕A를 넣고 가볍게 섞는다.

안치기 · 찌기

1 찜기에 시루밑을 두 장 깔고, 1호 원형틀을 올린다.
  도움말 | 멥쌀가루가 아래로 떨어지지 않도록 시루밑을 두 장 깐다.
2 단호박 멥쌀가루의 절반을 틀 안에 평평하게 깔고 절인 단호박B
  를 고루 얹은 뒤 나머지 쌀가루를 덮고 스크레이퍼로 윗면을 정리
  한다. 틀에 채우고 남은 멥쌀가루는 장식용으로 남긴다.
3 틀을 좌우로 움직여서 공간을 만든 뒤 틀을 빼낸다.
4 김 오른 물솥에 찜기를 얹고 강불로 약 20분, 약불로 약 5분 동안
  찐다.
5 떡이 다 쪄지면 포장용 케이크판 위에 옮기고 마르지 않도록 젖은
  면포로 덮어 식힌다.
  도움말 | 비닐이나 랩을 덮어 두면 수증기가 물방울로 맺혀 떡이 젖을 수 있으니
  반드시 젖은 면포를 사용한다.

준비하기 1

물주기 2

안치기 찌기 2-1

2-2

3

장식하기

1 멥쌀가루B에 물을 넣고 손으로 고루 비빈다.

2 떡케이크 만들고 남은 단호박 멥쌀가루와 멥쌀가루B를 섞이지 않도록 나누어 한 찜기에 안치고 약 15분 동안 찐다.

  도움말 | 양이 많지 않으므로 두 가지 가루를 각각 젖은 면포나 해동지로 감싸 한꺼번에 찐다.

3 뜨거울 때 실리콘매트 위로 옮겨 끈기가 생기고 매끈해지도록 각각 치댄다. 단호박 멥쌀가루는 그대로 치대고 흰 멥쌀가루는 반쯤 치댄 뒤 2등분하여 각각 모싯잎가루, 코코아가루를 섞어 마저 치댄다.

4 치댄 단호박 반죽은 조금 떼어 동그랗게 굴린 뒤 마지팬스틱이나 꼬치로 줄을 그어 호박을 만든다. 모싯잎가루 반죽은 납작하게 민 뒤 틀로 찍어 잎을 만들고 코코아가루 반죽은 가늘게 밀어 호박 꼭지를 만든다.

5 케이크 위에 얹어 장식한다.

  도움말 | 장식에 식용유(분량 외)를 조금 바르면 광택이 살아나 더 먹음직스럽게 완성된다.

복분자떡케이크

자줏빛 고운 복분자청으로 색을 내 만든 복분자떡케이크입니다.
남는 쌀 반죽을 치대어 흰 꽃, 붉은 꽃을 만들어 둘렀더니 빛깔도 모양도 아름다운
떡케이크가 완성됐어요. 언제나, 누구에게나 선물하기 좋은 케이크입니다.

1호 원형틀(15×6㎝) 1개 분량	재료	멥쌀가루A	500g	장식용	멥쌀가루B	100g
상온에서 하루까지 보관		복분자청	70g		물	약 30g
		물	약 45g		설탕C	10g
		설탕A	40g			
		서리태	20g			
		소금	0.5g			
		설탕B	10g			

준비하기

물주기

안치기 · 찌기

준비하기

1 서리태를 찬물에 담가 3~4시간 동안 불린다.

2 물을 자작하게 담은 냄비에 깨끗이 씻어 불린 콩을 넣고 중약불로 4~5분 동안 살강살강하게 삶는다.

3 체에 밭쳐 물기를 뺀 뒤 소금, 설탕B를 넣고 버무린다.

물주기

1 멥쌀가루A에 복분자청을 넣고 잘 비벼 섞는다.

   도움말 | 천일염이 1.2% 포함된 습식멥쌀가루를 사용한다.

2 물을 조금씩 넣고 섞어 부족한 물 양을 보충한 뒤 중간체에 세 번 내린다.

3 복분자 멥쌀가루를 꽃장식용으로 1/2컵 덜어 두고 나머지에 서리태, 설탕A를 넣고 고루 섞는다.

4 멥쌀가루B에도 물을 넣고 손으로 비벼 물주기 한 뒤 설탕C를 섞고 꽃장식용으로 1/2컵 덜어 둔다.

안치기 · 찌기

1 찜기에 시루밑을 두 장 깔고 1호 원형틀을 얹은 뒤 복분자 넣은 멥쌀가루를 평평하게 깔고 스크레이퍼로 정리한다.

   도움말 | 멥쌀가루에 섞인 서리태를 적당히 솎아 틀 바닥부터 중간 높이까지만 채운다. 서리태가 떡 윗면에 드러나면 평평하게 정리하기 어렵다.

2 윗면 중심부를 원형으로 조금 덜어 내 자리를 만든 뒤 멥쌀가루B를 1㎝ 두께로 덮고 스크레이퍼로 평평하게 정리한다.

3 틀을 좌우로 움직여 공간을 만든 뒤 틀을 빼낸다.

4 김 오른 물솥에 찜기를 얹고 강불로 약 20분, 약불로 약 5분 동안 찐다.

5 떡이 다 쪄지면 포장용 케이크판 위에 옮기고 마르지 않도록 젖은 면포로 덮어 식힌다.

   도움말ㅣ 비닐이나 랩을 덮어 두면 수증기가 맺혀 떡이 젖을 수 있으니 반드시 젖은 면포를 사용한다.

장식하기

장식하기

1 덜어 놓은 꽃장식용 붉은색, 흰색 멥쌀가루를 섞이지 않도록 나누어 찜기에 안치고 약 15분 동안 찐다.

   도움말ㅣ 양이 많지 않으므로 두 가지 가루를 각각 젖은 면포나 해동지로 감싸 한꺼번에 찐다.

2 뜨거울 때 실리콘매트 위로 옮겨 끈기가 생기고 매끈해지도록 각각 치댄다.

3 두 가지 색 떡을 밀대를 이용해 0.3cm 두께로 민 뒤 지름 1.5cm, 3.5cm 꽃모양 커터로 찍어 낸다.

4 색을 맞춰 찍어 낸 떡을 겹친 뒤 마지팬스틱으로 눌러 고정한다.

5 떡케이크 위쪽 흰색 원 둘레에 완성된 꽃을 얹어 장식한다.

모시절편

절편은 끈기가 있고 쫄깃쫄깃해 각별한 맛을 내지요. 절편에 모싯잎가루를 섞고,
색을 낸 떡으로 모양을 내 보았어요. 깨끗한 접시에 담아냈더니 더욱 돋보입니다.

10개 분량
상온에서 하루까지 보관

재료	멥쌀가루	200g	코코아가루	약간
	모싯잎가루	4g	백년초가루	약간
	물	약 80g	청치자가루	약간

물주기

1 멥쌀가루 절반에 모싯잎가루를 섞고 물을 넣어 손으로 고루 비빈
다. 남은 절반에도 마찬가지로 물을 넣어 물주기한다.
도움말 | 천일염이 1.2% 포함된 습식멥쌀가루를 사용한다.
도움말 | 설기를 만들 때보다 물을 조금 더 넣어 살짝 질척하고 몽글몽글한 상태가
되도록 한다. 중간체에 내리지 않고 바로 안친다.

안치기 · 찌기

1 찜기에 해동지를 겹치지 않게 두 장 깔고 모싯잎가루 섞은 멥쌀가
루와 흰 멥쌀가루를 각각 나누어 안친다.
2 김 오른 물솥에 찜기를 얹고 강불에서 약 20분 동안 찐다.

모양내기

1 찐 떡을 뜨거운 상태로 볼에 넣고 절굿공이로 끈기가 생기도록
각각 치댄다.
2 흰 떡을 조금씩 세 덩이 떼어 색 내기 재료를 각각 넣고 색을 들
인다.
3 모시떡, 흰떡을 길게 밀어 1.5㎝ 굵기 가래떡 모양으로 만들고
서로 맞붙인다.
도움말 | 한 가지 색으로 만들 때는 2.5㎝ 굵기 가래떡 모양으로 만든다.
4 물들인 떡을 길고 가늘게 밀어 흰 떡과 모시떡 사이 이음매 위에
나란히 얹고 밀대로 1㎝ 두께가 되도록 민다.
5 간격을 두고 떡살을 찍어 모양을 낸다.
6 스크레이퍼를 사용해 적당한 크기로 자른다.
7 윤기가 나도록 참기름, 식용유(분량 외)를 1:1로 섞어 살짝 바른다.

바람떡

개피떡, 산병이라고도 불리는 바람떡은 말랑하게 친
떡에 거피팥 소를 넣고 반달 모양으로 만든 떡입니다.
천연재료로 물들인 색동무늬를 넣어 더욱 사랑스럽지요.
바람떡은 이름처럼 바람이 잔뜩 들어가야 더욱
예쁘답니다.

	10개 분량	**재료**	멥쌀가루	250g	**소**	거피팥고물	40g
	상온에서 하루까지 보관		물	약 80g		→ 거피팥고물 만들기 p.33	
			치자가루	약간		소금	0.5g
			백년초가루	약간		설탕	5g
			시금치가루	약간		꿀	10g
						계핏가루	약간

소 만들기

1 거피팥고물에 소금, 설탕, 꿀, 계핏가루를 넣고 섞은 뒤 5g씩 나누어 동그랗게 빚는다.

물주기

1 멥쌀가루에 물을 넣고 손으로 고루 비빈다.
   도움말 ǀ 천일염이 1.2% 포함된 습식멥쌀가루를 사용한다.
   도움말 ǀ 설기를 만들 때보다 물을 조금 더 넣고 살짝 질척하고 몽글몽글한 상태가 되도록 한다. 중간체에 내리지 않고 바로 안친다.

안치기 · 찌기

1 젖은 면포를 깐 찜기에 멥쌀가루를 뭉치지 않게 흩뿌려 안친다.
2 김 오른 물솥에 찜기를 얹고 강불로 약 20분 동안 찐다.

모양내기

1 찐 떡을 뜨거운 상태로 볼에 넣고 절굿공이로 끈기가 생기도록 치댄다.
2 떡을 조금씩 떼어 치자가루, 백년초가루, 시금치가루를 각각 섞고 마저 치대 색을 들인다.
3 흰색 떡을 가래떡 모양으로 길게 민 다음 물들인 떡을 가늘고 길게 밀어 흰 떡 위에 얹는다.
4 폭 8cm, 두께 0.5cm 정도가 될 때까지 밀대로 길게 민다.
5 떡 끄트머리를 5cm 남긴 자리에 소를 놓고 끝부분을 접어 소를 덮은 뒤 지름 6cm 바람떡 틀로 찍는다. 여분의 떡을 잘라 내고 같은 과정을 반복한다.
   도움말 ǀ 떡이 쫀득해서 밀대로 밀거나 모양을 낼 때 붙을 수 있으니 손과 도구에 식용유(분량 외)를 조금씩 발라 가며 작업한다.
6 윤기가 나도록 참기름, 식용유(분량 외)를 1:1로 섞어 살짝 바른다.
   도움말 ǀ 참기름만 바르면 색이 어두워지기 때문에 식용유를 섞어 바른다.

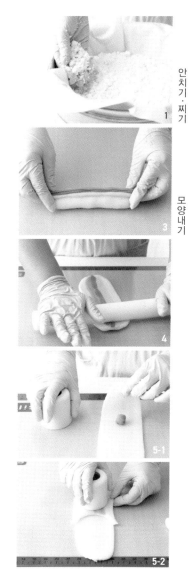

안치기·찌기

모양내기

삼색경단

달달하게 조린 팥앙금과 말랑말랑한
찹쌀떡을 조합한 떡입니다. 한입에 쏙
들어가도록 만들어 세 가지 고물을 입혀
놓으면 올망졸망 아이들을 보는 것 같아요.
한 알씩 정성껏 빚어 아이들 생일잔치에
선물로 보내 보세요.

18개 분량	재료	찹쌀가루	150g	고물	호박씨	적당량
상온에서 하루까지 보관		물	약 45g		볶은 거피참깨	적당량
		녹말가루	약간		볶은 흑임자(검은깨)	적당량

	소	팥앙금	54g
		→ 팥앙금 만들기 p.32	

준비하기

1 팥앙금은 3g씩 나누어 동그랗게 빚는다.
2 호박씨는 볶아서 식힌 뒤 칼로 곱게 다진다.
3 참깨와 흑임자를 준비한다.

준비하기 1

반죽하기

1 찹쌀가루는 끓는 물을 한 숟가락씩 넣어 가며 치대어 익반죽하고
  10g씩 나눈다.
  도움말 | 천일염이 1.2% 포함된 습식찹쌀가루를 사용한다.
  도움말 | 반죽이 매끈하고 말랑해질 때까지 치댄다.
2 빚어 둔 팥앙금 소를 넣고 동그랗게 빚는다.

반죽하기 2

익히기

1 빚은 경단 반죽에 녹말가루를 묻힌 뒤 여분의 가루를 털어 내고
  끓는 물에 삶는다.
  도움말 | 녹말가루를 묻히면 끓는 물에서 퍼지지 않는다.
2 떡이 동동 떠오르면 잠깐 더 끓인 뒤 건져 내 찬물에 헹구고 마른
  면포에 밭쳐 물기를 뺀다.

익히기 2

모양내기

1 참깨, 흑임자, 호박씨 고물에 굴려 마무리한다.

모양내기 1

대추약편

멥쌀가루에 대추고와 막걸리를 넣어 찌는 떡입니다.
대추를 푹 고아 체에 내려 진하고 깊은 맛을 내고,
막걸리로 수분과 풍미를 더했답니다.
쪄 낸 그대로 칠기찬합에 고스란히 넣어
좋은 분께 선물하고 싶은 맛입니다.

	재료	멥쌀가루	550g	고명	밤	2개
2호 정사각형틀(18×18×7㎝)		대추고	100g		대추	4개
1개 분량		→ 대추고 만들기 p.35			잣	1작은술
상온에서 하루까지 보관		막걸리	약 60g			
		설탕	50g			

고명 만들기

1 밤은 속껍질까지 벗기고 대추는 돌려 깎기한 뒤 각각 곱게 채 썬다.
2 잣은 세로로 2등분한다.
3 준비한 밤, 대추, 잣 세 가지 재료를 골고루 섞는다.

물주기

1 멥쌀가루에 대추고를 섞어 중간체에 내린다.
   도움말 I 천일염이 1.2% 포함된 습식멥쌀가루를 사용한다.
2 막걸리를 넣고 손으로 고루 비빈다.
   도움말 I 막걸리로 물주기 한 떡은 풍미가 좋고 부드럽다.
   도움말 I 막걸리의 양은 멥쌀가루와 대추고가 가지고 있는 수분량에 따라 가감한다.
3 중간체에 내린 뒤 설탕을 넣고 가볍게 섞는다.

안치기 · 찌기

1 찜기 위에 시루밑을 두 장 깔고 2호 정사각형틀을 놓은 뒤 멥쌀가루를 평평하게 넣고 스크레이퍼로 정리한다.
2 칼금판을 얹어 9등분 칼금 자국을 낸 뒤 과도로 칼금을 넣는다.
3 분할한 각각의 떡에 떡도장을 찍고 고명을 올려 장식한다.
4 틀을 좌우로 움직여 공간을 만든 뒤 틀을 빼낸다.
5 김 오른 물솥에 찜기를 올리고 강불로 약 20분, 약불로 약 5분 동안 찐다.
6 한 김 식힌 뒤 넓은 쟁반으로 옮겨 칼금을 따라 떼어 낸다.

물주기 2

안치기 · 찌기 2

3

6

두텁편

웃어른 생신에 선물하기 좋은 떡입니다.
적당히 간이 밴 떡에 살캉살캉하게 씹히는 견과류,
향긋한 유자청까지. 단번에 보낸 이의 정성을
알아채실 거예요. 고물을 미리 볶아 두고,
재료도 모두 준비했다가 생신 당일에 찌면
어렵지 않게 만들 수 있답니다.

			고물	거피팥고물	300g
3호 원형틀(21×7㎝) 1개 분량	재료	찹쌀가루	400g		→ 거피팥고물 만들기 p.33	
상온에서 하루까지 보관		진간장	10g		진간장	5g
	대추고	23g		설탕	20g
	→ 대추고 만들기 p.35			계핏가루	약간
	물	약 40g		후춧가루	약간
	설탕	40g			
	밤	5개			
	대추	10개			
	계핏가루	1/4작은술			
	유자청 건지	1큰술			
	호두반태	5개			
	잣	2큰술			

준비하기

1 밤은 속껍질까지 껍질을 벗기고 대추는 씨를 발라내어 각각 4~6 등분한다.
2 유자청 건지는 곱게 다지고, 호두는 작게 자르고, 잣은 고깔을 뗀다.

고물 만들기

1 거피팥고물에 진간장, 설탕, 계핏가루, 후춧가루를 넣어 골고루 섞고 마른 팬에 보슬보슬하게 볶는다.
   도움말 I 볶을 때는 미처 부서지지 않은 팥 알갱이를 주걱으로 눌러 으깨면서 골고루 뒤적여야 입자가 고운 팥고물이 완성된다.
2 볶은 거피팥고물을 식혀 중간체에 내리고 절반씩 나눠 둔다.

고물 만들기

물주기

1 찹쌀가루에 진간장과 대추고를 넣고 고루 섞은 뒤 물을 넣고 부족한 물 양을 보충한 뒤 손으로 비벼 섞는다.
   도움말 I 소금을 넣지 않은 습식찹쌀가루를 사용한다.
2 찹쌀가루를 중간체에 내린 뒤 설탕을 넣고 가볍게 섞는다.
3 찹쌀가루에 밤, 대추, 계핏가루, 유자청 건지, 호두, 잣을 넣고 섞는다.

물주기

안치기 · 찌기

1 찜기에 시루밑을 깔고 3호 원형틀을 얹은 뒤 고물 → 찹쌀가루 → 고물 순서로 안치고 스크레이퍼로 평평하게 정리한다.
2 김 오른 물솥에 찜기를 올리고 강불로 약 25분, 약불로 약 5분 동안 찐다.
3 한 김 식혀 젓가락으로 틀에 붙은 떡을 떼어 내고 찜기를 뒤집어 떡을 빼낸 뒤 틀을 제거한다.

안치기 · 찌기

두텁떡

두텁떡은 소복하게 고물을 덮은 모습이 마치 여러 개의 봉우리가 솟은 것 같다 해서
'봉우리떡'이라고도 불립니다. 만드는 방법도 특이하고 간장으로 간을 맞춘다는
점도 독특하지요. 조선시대 왕의 탄신일 상에 올랐던 떡 중에서도 가장 귀한 떡으로
만들기 어려운 만큼 맛있는 떡입니다.

재료			소		
	찹쌀가루	250g		볶은 거피팥고물	1/2컵
	진간장	5g		잣	1/2큰술
	꿀	25g		대추	3개
				밤	2개
고물	거피팥고물	500g		호두반태	5개
	→ 거피팥고물 만들기 p.33			유자청 건지	1/2큰술
	진간장	7g		계핏가루	약간
	설탕	45g		꿀	1/2큰술
	계핏가루	0.5g			
	후춧가루	약간			

12개 분량
상온에서 하루까지 보관

고물 만들기

1 거피팥고물에 진간장, 설탕, 계핏가루, 후춧가루를 넣어 골고루
섞고 마른 팬에 보슬보슬하게 볶는다.

   도움말 l 볶을 때는 미처 부서지지 않은 팥 알갱이를 주걱으로 눌러 으깨면서 골고
   루 뒤적여야 입자가 고운 팥고물이 완성된다.

2 볶은 거피팥고물을 식혀 중간체에 내린다.

   도움말 l 볶은 거피팥고물을 1/2컵 덜어 소를 만들 때 사용한다.

소 만들기

1 잣은 고깔을 떼고 대추, 밤, 호두, 유자청 건지는 잣 크기만큼
잘게 썬다.

2 볶은 거피팥고물 1/2컵, 대추, 밤, 호두, 유자청 건지, 계핏가루
와 꿀을 한데 섞어 한 덩어리가 되도록 반죽한다.

3 반죽한 소를 조금씩 떼어 잣을 한 알씩 넣고 지름 2㎝ 크기로
동글납작하게 빚는다.

물주기

1 찹쌀가루에 진간장, 꿀을 넣고 손으로 고루 비빈다.

   도움말 l 소금을 넣지 않은 습식찹쌀가루를 사용한다.

   도움말 l 손으로 쥐었을 때 촉촉하게 뭉치지 않고 쉽게 부서지면 물을 조금씩 추가
   해 수분량을 맞춘다.

2 중간체에 내린다.

고물 만들기

소 만들기

물주기

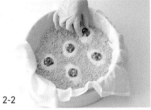

2-1

2-2

2-3

2-4

5

안치기 · 찌기

1 찜기에 마른 면포를 깔고 고물을 넉넉히 편다.

2 찹쌀가루를 한 숟가락씩 떠서 드문드문 놓고 거피팥소를 하나씩
  얹은 뒤 팥소가 가려지도록 찹쌀가루를 도톰하게 덮고, 거피팥고
  물을 전체적으로 흩뿌려 덮는다.

  도움말 I 고물을 넉넉히 뿌려야 떡끼리 달라붙지 않는다.

3 오목하게 들어간 자리에 같은 방법으로 찹쌀가루와 소, 고물을
  올린다.

4 김 오른 물솥에 찜기를 올리고 강불로 약 30분 동안 찐다.

5 완성된 떡을 숟가락으로 하나씩 떠낸다.

  도움말 I 두툼떡을 떠낸 뒤 사이사이에 남은 고물은 식힌 뒤 냉동해서 한 번 더 사
  용할 수 있다. 사용한 고물은 습기가 있으니 해동 후 마른 팬에 볶아 수분을 날려
  사용한다.

인삼편정과

얇게 썬 인삼을 찌고 조려 쓴맛을 없애고 젤리 같은
식감으로 만든 인삼편정과입니다. 몸에도 좋고 보기도
아름다워 웃어른께 드리는 선물로 제격이지요.

상온에서 일주일,
냉동에서 두 달까지 보관

재료		
	인삼(수삼)	4뿌리
	물엿	250g
	설탕	40g
	물	30g
	소금	0.5g
	꿀	15g

장식		
	말린 수레국화	약간
	말린 천일홍	약간
	로즈메리	약간

준비하기

1 인삼은 깨끗이 씻어 뇌두, 잔뿌리를 잘라 내고 껍질을 벗긴다.

　　도움말 I 말리지 않은 수삼을 사용한다.

2 손질한 인삼을 0.3㎝ 두께로 어슷하게 자른다.

3 시루밑을 깐 찜기에 얹고 2분 동안 찐다.

조리기

1 냄비에 물엿, 설탕, 물, 소금을 넣고 약불로 가열한다.

2 시럽이 끓으면 인삼을 넣고 조린다.

3 인삼이 투명해지면 마지막으로 꿀을 넣고 전체적으로 섞어 불에서 내린다.

4 채반에 밭쳐 남은 시럽이 빠지게 둔다.

모양내기

1 수레국화, 천일홍, 로즈메리 등으로 장식하고 앞뒷면에 설탕을 묻힌다.

　　도움말 I 로즈메리 대신 봄에 나는 세발나물 등 향이 없는 잎으로 꾸미면 인삼 고유의 향을 해치지 않아 더 좋다.

2 채반에 얹어 뒤집어 가며 꾸덕꾸덕하게 말린다.

준비하기 3

조리기 3

모양내기 1-1

1-2

개성약과

개성약과는 차례상이나 제사상에서 흔히 보는 약과와는
다르게 결이 있고 귀퉁이가 네모지게 각져, 모약과라고도
부르지요. 예로부터 약과, 약식 등 꿀과 참기름이 들어간
음식에는 '약'자를 붙였는데요, 귀한 재료로 만들어
약이 되는 음식이라 해서 그렇게 불렸답니다.

14개 분량 상온에서 사흘까지, 냉동에서 두 달까지 보관	**재료**	밀가루(중력분) 소금 계핏가루 후춧가루 참기름 꿀 소주	180g 약간 1g 약간 37g 40g 33g	**즙청액**	조청 물 통계피 생강	1,000g 200g 20g 50g

즙청액 만들기

1 냄비에 조청, 물, 통계피, 얇게 저민 생강을 넣고 한소끔 끓여 식힌다.

   도움말 ㅣ 통계피 대신 계핏가루를 조금 넣어도 좋다.

반죽하기

1 밀가루에 소금, 계핏가루, 후춧가루, 참기름을 넣고 골고루 비벼 중간체에 한 번 내린다.

   도움말 ㅣ 밀가루에 참기름이 잘 배어들도록 여러 번 손으로 비벼야 켜가 잘 살아난다.

2 꿀과 소주를 섞어 1의 밀가루에 여러 번 나누어 가며 주걱으로 날가루가 보이지 않도록 섞는다.

   도움말 ㅣ 액체 재료가 가루에 골고루 스며들도록 고무주걱을 짧게 잡고 뭉쳐진 부분을 풀어 가며 섞는다.

3 손으로 뭉쳐 한 덩어리로 만든다.

   도움말 ㅣ 많이 치대어 글루텐이 생성되면 약과를 튀겼을 때 켜가 잘 살아나지 않으니 뭉쳐지면 바로 멈춘다.

4 반죽을 손바닥 두 개 크기로 민 뒤 반으로 잘라 포갠다. 이 과정을 세 번 반복한다.

5 반죽을 1㎝ 두께로 민 뒤 모양과 틀로 찍고 꼬치로 군데군데 구멍을 낸다.

   도움말 ㅣ 구멍을 내면 안쪽까지 잘 익힐 수 있다.

2

반죽하기

4

5-1

5-2

튀
기
기　1

2

즙
청
하
기　1-1

1-2

튀기기

1 100℃ 식용유(분량 외)에 반죽을 넣고 약과가 위로 떠오르고 옆면의 켜가 일어날 때까지 온도를 유지한다.

2 기름 온도를 150~160℃까지 서서히 올려 갈색이 나도록 튀기고 키친타월에 건져 기름을 뺀다.

　　도움말 ㅣ 약과가 떠오르면 나무젓가락으로 계속 뒤집어야 고르게 익는다.

　　도움말 ㅣ 건져 내는 동안에도 계속 열이 가해져 색이 짙어질 수 있으니, 신속하게 작업한다.

즙청하기

1 튀긴 약과를 하루 동안 즙청하고, 체에 건져 시럽을 말끔하게 뺀다.

　　도움말 ㅣ 하루 즙청한 약과는 식감이 부드러워 먹기 좋다.

꽃매작과

전통적인 매작과의 형태를 변형해 만든
꽃매작과입니다. 색 내기 재료로
물을 들이고 반질반질 시럽을 입힌 뒤
자그마한 합에 담아 꽃 피는 봄에
선물해 보세요.

16개 분량	재료	밀가루(중력분)	125g	시럽	물엿	250g
냉동에서 한 달까지 보관		소주	40g		설탕	45g
		달걀흰자	10g		생강물	50g
		물	10g			
		식용유	3g			
		고운소금	0.5g			
		딸기주스가루	약간			
		치자가루	약간			

반죽하기

반죽하기

1 소주, 흰자, 물, 식용유, 소금을 잘 섞은 뒤 밀가루에 넣고 표면이 매끈해지도록 치대어 반죽한다.

   도움말 | 소주와 달걀흰자를 넣어 반죽하면 보다 바삭한 식감으로 완성된다.

2 비닐봉지에 반죽을 넣어 마르지 않게 하고 약 30분 동안 숙성시킨다.

3 30g씩 네 덩어리를 떼어 낸 뒤 딸기주스가루, 치자가루를 이용해 각각 연분홍, 진분홍, 연노랑, 진노랑으로 물들인다.

   도움말 | 반죽 색을 봐 가며 색 내기 재료의 양을 조절한다. 딸기주스가루, 치자가루의 양을 2배로 늘리면 진분홍, 진노랑 색을 얻을 수 있다.

모양내기

모양내기

1 각각의 반죽을 0.2cm 두께로 민 다음 흰색, 연분홍, 연노랑 반죽은 지름 2cm 꽃잎 커터로 찍고, 진분홍, 진노랑 반죽은 3.5cm 꽃잎 커터로 찍어 낸다.

   도움말 | 흰색 꽃잎은 분홍꽃, 노랑꽃 매작과에 모두 쓰이므로 다른 꽃잎 개수보다 2배 더 만든다.

2 흰색 → 연분홍 → 진분홍, 흰색 → 연노랑 → 진노랑 순으로 꽃잎을 포갠 뒤 뾰족한 마지팬스틱으로 중앙을 꾹 눌러 고정한다. 작게 뗀 반죽을 동그랗게 굴려 꽃 중앙에 붙인다.

   도움말 | 꽃잎 사이에 달걀흰자(분량 외)를 살짝 바르면 꽃잎끼리 떨어지지 않는다.

3 일반 매작과는 연분홍, 연노랑 반죽을 앞뒤로 맞붙여 0.2cm 두께로 민 뒤 5×2cm 매작과 틀로 찍는다.

도움말 ㅣ 매작과 틀이 없으면 5×2cm 크기 직사각형으로 자른 뒤 중앙에 2cm, 3cm, 2cm 칼집을 길게 넣는다.

4 반죽을 중앙에서 뒤집어 매작과를 완성한다.

튀기기 · 시럽 입히기

1 130℃ 식용유(분량 외)에 매작과를 넣고 떠오르면 체를 사용해 여러 번 뒤집으며 반죽이 살짝 봉긋하게 부풀어 오를 때까지 고루 튀긴다.

도움말 ㅣ 너무 오래 튀기거나 고온으로 튀겨 색이 누렇게 나지 않도록 한다.

2 물엿, 설탕, 생강물을 냄비에 넣고 끓인다.

도움말 ㅣ 생강물은 생강과 물을 1:1로 넣고 간 뒤 건더기를 걸러 내 만든다.

3 튀긴 매작과를 기름에서 건져 체에 받친 다음 끓고 있는 시럽 거품을 한두 번 끼얹어 얇게 입힌다.

4 여분의 시럽이 빠지도록 체에 잠시 둔 다음 매작과가 서로 들러붙지 않게 거리를 두어 보관한다.

튀기기 · 시럽 입히기

무쌈정과

쫄깃한 무의 식감과 입 안에 오래 남는 잣의 고소함이
참 잘 어울리는 정과입니다. 가을에 수확한 달고 단단한 무를
얇게 썰어 정과 안에 잣이 그대로 비치도록 만들어 보세요.
구절판에 다른 한과와 함께 담으면 더욱 멋스럽답니다.

100개 분량
상온에서 일주일,
냉동에서 두 달까지 보관

재료	흰색	
	무	1/4개
	물엿	125g
	설탕	23g
	잣	적당량

보라	
무	1/4개
물엿	125g
설탕	23g
자색고구마가루	약간
잣	적당량

노랑	
무	1/4개
물엿	125g
설탕	23g
치자가루	약간
잣	적당량

초록	
무	1/4개
물엿	125g
설탕	23g
말차가루	약간
잣	적당량

분홍	
무	1/4개
물엿	125g
설탕	23g
딸기주스가루	약간
잣	적당량

준비하기

1 무는 깨끗이 씻어서 0.1㎝ 두께로 얇게 썬 뒤 지름 5.5㎝ 원형 커터로 찍는다.
2 냄비에 물(분량 외)을 부어 무가 무르게 익을 때까지 거품을 떠내면서 삶는다.

조리기

1 냄비에 물엿, 설탕을 넣고 끓으면 삶은 무를 스무 장 넣어 약불로 조린다.
2 냄비에 물엿, 설탕, 자색고구마가루를 넣고 끓으면 삶은 무를 스무 장 넣어 약불로 조려 낸다.
3 같은 방식으로 물엿, 설탕에 치자가루, 말차가루, 딸기주스가루를 각각 넣고 끓으면 삶은 무를 넣어 약불로 조려 낸다.
4 다 조려져 색이 고르게 배면 체에 밭쳐 남은 시럽이 빠지게 둔다.

모양내기

1 무를 한 장씩 접시에 펼쳐 놓고 잣을 세 알씩 넣어 반으로 접는다.
2 60℃로 맞춰 둔 건조기에서 4~5시간 동안 뒤집어 가며 말린다.
도움말 l 서로 달라붙지 않도록 주의하여 보관한다.

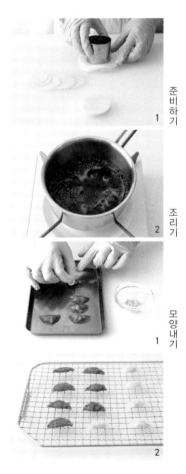

준비하기 1

조리기 2

모양내기 1

2

송화다식

소나무의 꽃가루인 송화(松花)는 봄바람에 모두 날아가 버리기 전에 얻어야만
하는 매우 귀한 재료지요. 이 송홧가루를 꿀이나 조청으로 반죽해 다식판에
박아낸 것이 송화다식인데요. 차와 유난히 잘 어울리는 전통 과자랍니다.

9개 분량
상온에서 사흘,
냉동에서 한 달까지 보관

재료	송홧가루	15g
	물엿	14g
	꿀	8g

반죽하기

1 송홧가루에 물엿과 꿀을 넣어 반죽한다.
   도움말 I 작은 주걱을 이용하여 물엿이 스며들도록 고루 섞는다.

모양내기

1 반죽한 송홧가루를 4g씩 집어 길쭉하게 뭉친 뒤 랩을 깐 지름 2.5㎝
   다식틀에 채워 넣고 누름봉으로 강하게 누른다.
   도움말 I 송화반죽을 틀에서 깔끔하게 떼기 위해 반드시 랩을 씌워 작업한다.

2 다식이 부서지지 않도록 주의하며 틀에서 꺼낸다.

반죽하기 1

모양내기 1-1

1-2

2

곶감단지

잘 말린 곶감에 건대추, 호두, 유자청 등을
꿀로 버무려 가득 넣은 곶감단지입니다.
값비싼 재료에 만드는 과정도 제법 정성을 들여야
해서 어려운 자리에 전하기 좋은 선물이지요.

7개 분량
냉동에서 두 달까지 보관

재료		
곶감		7개
호두강정		170g
→ 호두강정 p.144		
대추		150g
유자청 건지		120g
꿀		16g
계핏가루		1g

준비하기

1 곶감은 꼭지를 떼고 꼭지 뗀 자리에 손가락을 넣어 씨를 뺀다.

   도움말 | 하나에 50g 정도 되는 잘 마른 건시를 사용한다.

소 만들기

1 호두강정을 준비한다.

2 호두강정은 잘게 다지고 대추는 씨를 제거해 채 썬다.

3 유자청 건지도 잘게 다져 준비한다.

4 잘게 다진 호두강정과 유자청 건지, 채 썬 대추, 꿀, 계핏가루를
   볼에 담아 골고루 버무린다.

모양내기

1 곶감에 버무린 소를 가득 채워 넣고 모양을 동그랗게 매만진다.

   도움말 | 곶감이 빵빵하게 찰 때까지 엄지손가락으로 소를 밀어 넣는다.
   속을 꽉 채워야 잘랐을 때 단면도 예쁘고 보관할 때 모양도 흐트러지지 않는다.

준비하기 1

소 만들기 2

4

모양내기

콩고물도라지정과

도라지는 환절기 기관지 질환을
다스리는 데 도움을 주는 식재료지요.
도라지를 정과로 만들어
언제든 편하고 맛있게 즐겨 보세요.
얼려 놨다가 한 뿌리씩 해동해
싹둑싹둑 자른 뒤 고소한 콩고물에
버무리면 어른도, 어린아이들도
좋아할 만한 간식이 된답니다.

냉장에서 한 달,
냉동에서 두 달까지 보관

재료	도라지	500g
	생강	80g
	대추	10개
	물엿	1,800g
	콩고물(시판용)	적당량

준비하기

1 도라지는 껍질을 벗기고 상한 부분을 도려낸 뒤 3~4시간 동안 물에 담가 아린 맛을 뺀다.
2 냄비에 도라지를 켜켜이 쌓은 뒤 물을 넉넉히 붓고 약불로 약 5분 동안 삶는다.
3 익힌 도라지는 찬물에 헹궈 식힌다.
4 생강은 0.3cm 두께로 썬다.

조리기

1 냄비에 삶은 도라지, 생강, 대추, 물엿을 넣고 타공 덮개로 덮어 중약불로 가열한다.
   도움말 | 물엿은 도라지가 충분히 잠기도록 양을 조절한다.
2 끓기 시작하면 약불로 줄여 1시간 동안 조린 뒤 불에서 내린다.
3 도라지가 투명해지고 밝은 갈색이 될 때까지 하루에 세 번, 40분씩 조린다.
   도움말 | 다 조려지려면 2~3일 정도 걸린다. 조리면서 처음과 같은 농도를 끝까지 유지할 수 있도록 물과 물엿(분량 외)을 여러 번 보충한다.
4 다 조려지면 채반에 밭쳐 남은 시럽이 빠지게 둔다.

건조하기

1 60℃ 건조기에 넣고 쫀득한 식감이 될 때까지 말린다.

모양내기

1 먹기 직전 적당한 크기로 잘라 콩고물에 버무린다.

준비하기 2
조리기 1
3
건조하기 1
모양내기 1

곶감꽃오림

명절에 선물 받아 냉동실에 쟁여 놓은 곶감을
이용해 멋진 전통 후식을 준비해 보세요.
잘 말라 꾸덕꾸덕한 곶감과 잣,
그리고 가위만 있으면 손쉽게 만들 수
있답니다. 예쁘게 오려 구절판을 채우면
품격 있는 선물에 구색을
맞출 수 있지요.

12개 분량
냉동에서 두 달까지 보관

재료	곶감	3개
	잣	약간

준비하기

1 곶감은 꼭지를 떼고 꼭지 부분을 중심으로 동그랗고 납작한 모양
  이 되도록 누른다.

   도움말 | 덜 마른 곶감은 선풍기로 하루 정도 말려 꼬들꼬들한 상태로 사용해야
   꽃 모양이 깔끔하게 마무리된다.

모양내기

1 오림용 가위로 곶감 꼭지 부분까지 가위집을 넣고 0.5㎝씩 떨어진
  곳에 그보다 짧은 가위집을 두 개 낸 뒤 다시 0.5㎝ 떨어진 곳에
  꼭지 부분까지 가위집을 넣어 잘라 낸다.

2 자른 곶감의 사이를 벌려 단면 사이사이에 잣의 뾰족한
  부분을 끼워 넣는다.

준비하기 1

모양내기 1

2

인삼잣박이

인삼정과에 잣으로 모양을 낸 과자입니다.
인삼을 한입 크기로 잘라 오랜 시간 조려 정과를 만든 뒤
작고 예쁜 잣을 박으면 완성이지요.

18개 분량
상온에서 일주일,
냉동에서 두 달까지 보관

재료	인삼(수삼)	4뿌리
	물엿	400g
	잣	약간
	사과정과 껍질	약간

→ 사과정과 만들기 p.104

준비하기

1 인삼은 깨끗이 씻어 뇌두, 잔뿌리를 잘라 내고 껍질을 벗긴다.
   도움말 | 말리지 않은 수삼을 사용한다.
2 인삼을 약 2㎝ 길이로 썬다.
3 끓는 물에 넣고 말랑해질 때까지 삶는다.
   도움말 | 인삼 삶은 물은 버리지 말고 따로 담아 둔다.

조리기

1 삶은 인삼에 물엿을 넣고 약한 불에서 연한 갈색이 날 때까지
   조린다.
   도움말 | 중간에 온도가 너무 많이 오르지 않도록 불을 끄고, 켜고를 반복한다.
   물엿이 너무 되직해지면 인삼 삶은 물을 조금씩 넣어 타지 않도록 한다.
2 다 조린 인삼을 소쿠리에 건져 내 물엿이 빠지도록 둔다.

장식하기

1 단면에 잣의 뾰족한 부분을 박아 넣고 사과정과 껍질을 작게 잘라
   중앙에 장식한다.
   도움말 | 대추 껍질을 작게 잘라 사용해도 좋다.
2 50℃ 건조기에 넣어 끈적이지 않고 꾸덕해질 때까지 말린다.
   도움말 | 실내가 건조할 때는 건조기에 넣지 않고 상온에서 말려도 금방 마른다.

준비하기 3

조리기 1

장식하기 1

잣박산

팬에 볶아 기름이 살짝 도는 잣을 시럽에 버무려 작게 굴렸어요.
고소한 맛과 달콤한 맛, 옅은 생강 향이 어우러져
입 안에 한참 동안 여운이 남습니다.

재료	잣	100g
	설탕	10g
	물엿	15g
	생강즙	1/2작은술

35개 분량
상온에서 1주일,
냉동에서 1달까지 보관

준비하기

1 마른 팬에 잣을 넣고 기름이 살짝 돌고 고소한 향이 날 때까지 살짝
  볶는다.

볶기

1 팬에 설탕, 물엿, 생강즙을 넣은 뒤 설탕이 녹을 때까지 끓인다.
  도움말 ‖ 생강즙은 생강을 곱게 갈아 건더기를 걸러 낸 즙을 말한다.
2 끓는 시럽에 잣을 넣고 약한 불에서 버무린다.

모양내기

1 손가락 한 마디 크기로 나누어 동그랗게 굴려서 모양을 낸다.
  도움말 ‖ 위생장갑에 식용유를 살짝 발라 성형하면 손에 달라붙지 않는다.
  도움말 ‖ 성형 도중에 굳지 않도록 재빠르게 작업하고, 중간에 굳으면 살짝 가열해
  녹이면서 작업한다.

준비하기 1

볶기 1

2

모양내기 1

양갱

전통 한과는 아니지만 천연재료를 사용해 보석 모양으로 만든 양갱이에요.
반짝반짝 예쁘기도 하고 새콤한 맛 덕분에 기분도 밝아지지요. 시중에서
판매하는 양갱만큼 달지 않아서 나이 지긋한 어르신부터 어린아이까지
모두 환영하는 선물이랍니다.

지름 3㎝ 보석몰드 18개 분량
냉장에서 일주일까지 보관

재료	블루베리양갱	
	블루베리 콩포트	75g
	┌ 블루베리	75g
	└ 설탕	7.5g
	물	150g
	한천	5g
	설탕	100g
	소금	0.5g
	백앙금	75g
	물엿	15g

말차양갱	
물	150g
한천	5g
설탕	100g
소금	0.5g
백앙금	75g
말차가루	2g
물엿	15g

단호박양갱	
물	150g
한천	5g
설탕	100g
소금	0.5g
백앙금	75g
단호박가루	4g
물엿	15g

준비하기

1 블루베리와 설탕을 믹서에 넣고 간 뒤 걸쭉해질 때까지 조려 콩포트를 만든다.

도움말 ┃ 잼 농도가 되면 알맞게 조린 것이다.

2 백앙금에 말차가루를 넣고 덩어리 없이 잘 섞는다.

3 백앙금에 단호박가루를 넣고 마찬가지로 잘 섞어 둔다.

조리기

1 블루베리양갱은 냄비에 물, 한천을 넣고 덩어리 없이 잘 섞어 끓인다.

2 물이 끓기 시작할 때 설탕, 소금을 넣고 전체적으로 끓어오르면 불에서 내린다.

3 백앙금을 넣고 푼 뒤 다시 약불에 올리고 끓기 시작하면 블루베리 콩포트를 넣어 조린다.

4 말차양갱, 단호박양갱은 블루베리양갱과 동일하게 1, 2의 공정을 거친 뒤 말차가루 섞은 백앙금과 단호박가루 섞은 백앙금을 각각 넣어 약불로 조린다.

5 알맞게 조려지면 물엿을 넣어 섞고 불을 끈다.

도움말 ┃ 찬물에 떨어뜨렸을 때 방울방울 굳으면서 바닥에 가라앉으면 알맞게 조려진 것이다.

굳히기

1 뜨거운 상태에서 몰드에 부어 굳힌다.

도움말 ┃ 몰드에 기름기나 이물질이 남아 있으면 매끄럽고 반짝이는 양갱을 완성하기 어렵다. 반드시 사용 후 깨끗이 세척해 먼지가 들어가지 않게 관리한다.

2 상온에서 약 2시간 동안 굳혀 몰드에서 꺼낸다.

도움말 ┃ 몰드 아래쪽을 만져 보면 탄력 있게 굳은 것을 확인할 수 있다.

준비하기 1

조리기 3

5

굳히기 1

차를 마시며 나누는 담소에 맛있는 떡과 한과를 곁들인다면
더욱 좋은 분위기를 만들 수 있겠지요. 음료와 잘 어울리고 모양도 예뻐
카페에서 판매하기 좋은 제품들을 소개합니다. 찻상을 빛내 줄 뿐만 아니라
적당한 크기로 포장해서 잘 보이게 비치하면 오고 가는 손님들의 눈길도
사로잡을수 있을 거예요.

차와 함께 즐기는
카페 떡 · 한과

잣설기

언뜻 보면 하얀 백설기처럼 보이지만 잣가루를 섞어
두 단으로 찐 잣설기입니다. 장식으로 얹은
꽃사과정과가 단아한 멋을 더하고 고급스러운 잣 향이
기대치 않은 품격을 느끼게 하지요.

2호 정사각형틀(18×18×7㎝)	재료	멥쌀가루	480g	잣가루	70g
1개 분량		물	약 105g	→ 잣가루 만들기 p.34	
상온에서 하루까지 보관		설탕	48g	꽃사과정과	9개
				호박씨	5개

준비하기

1 호박씨를 반으로 길게 자른다.

물주기

1 멥쌀가루에 물을 넣고 손으로 고루 비빈다.

    도움말 l 천일염이 1.2% 포함된 습식멥쌀가루를 사용한다.

2 중간체에 내린 뒤 설탕을 넣고 가볍게 섞는다.

3 멥쌀가루를 절반으로 나누어 한쪽에 잣가루를 섞는다.

안치기·찌기

1 찜기에 시루밑을 두 장 깔고 2호 정사각형틀을 얹은 뒤 잣가루
   섞은 멥쌀가루를 넣고 평평하게 펼친 뒤 남은 절반의 멥쌀가루를
   채워 스크레이퍼로 정리한다.

2 칼금판을 얹어 9등분 칼금 자국을 내고 과도로 칼금을 넣는다.

3 틀을 좌우로 움직여 공간을 만든 뒤 틀을 빼낸다.

4 김 오른 물솥에 찜기를 얹고 강불로 약 20분, 약불로 약 5분 동안
   찐다.

모양내기

1 떡이 한 김 식으면 꽃사과정과와 호박씨로 장식한다.

    도움말 l 꽃사과는 새끼손톱만큼 작은 것을 구해 꼭지를 떼지 않고 씨가 드러나도록
    과실의 양옆을 잘라 낸 뒤 설탕에 절이고, 시럽에 데쳐 건조시킨다. 재료를 구하기
    어렵거나 만들기 번거롭다면 장식용 대추꽃(→p.35)으로 대체할 수 있다.

2 넓은 쟁반으로 옮겨 칼금을 따라 떼어 낸다.

물주기 3

안치기·찌기 1

안치기·찌기 2

모양내기 1

하트설기

홍국쌀가루를 이용해 만든 하트설기입니다. 귀여운 모양새 덕분에 아이들과
젊은 여성들에게 사랑받는 메뉴지요. 물 대신 우유를 사용하면 한층 고소한 맛이 나고,
설탕을 빼고 쪄낸 다음 과일잼을 곁들이면 더 특별한 간식이 된답니다.

지름 3㎝ 하트 몰드 24개 분량
상온에서 하루까지 보관

재료	흰색	
	멥쌀가루	50g
	물	약 12g
	설탕	5g

	연분홍색	
	멥쌀가루	50g
	홍국쌀가루	0.5g
	물	약 12g
	설탕	5g

	진홍색	
	멥쌀가루	50g
	홍국쌀가루	1g
	물	약 12g
	설탕	5g

물주기

1 멥쌀가루를 볼 3개에 나눠 넣고 홍국쌀가루의 분량을 조절해 섞어 흰색, 연분홍, 진분홍색 쌀가루를 만든다.

   도움말 | 천일염이 1.2% 포함된 습식멥쌀가루를 사용한다.

2 각각의 멥쌀가루에 물을 넣고 손으로 고루 비빈다.

3 중간체에 내린 멥쌀가루에 설탕을 넣고 가볍게 섞는다.

안치기 · 찌기

1 하트 몰드에 멥쌀가루를 색별로 채우고 스크레이퍼로 윗면을 평평하게 다듬는다.

2 김 오른 물솥에 몰드를 올린 찜기를 얹고 강불로 약 20분 동안 찐다.

3 떡이 익으면 몰드에서 떡을 빼낸다.

   도움말 | 찜기에서 꺼낸 몰드가 식기 전에 쟁반에 엎으면 떡을 쉽게 분리할 수 있다.

물주기 1

안치기·찌기 1

3

방울증편

오뉴월 뙤약볕에도 쉬지 않는다는 증편은
술로 발효시켜 술떡, 기주(起酒)떡이라고도 불립니다.
더운 날 즐기기 좋은 가벼운 식감의 떡으로,
식은 다음에 먹는 게 더 쫄깃하고 맛있답니다.

	재료			장식		
지름 5㎝ 원형 증편틀 /		멥쌀가루	230g		석이버섯	약간
4.5×4.5㎝ 사각 증편틀 12개 분량		물	85g		말린 천일홍	약간
상온에서 이틀까지 보관		막걸리	75g		말린 수레국화	약간
		설탕	40g		타임	약간
		소금	1g		볶은 흑임자(검은깨)	약간

반죽하기

1 50℃로 데운 물에 막걸리, 설탕, 소금을 섞는다.

2 고운체에 한 번 내린 멥쌀가루에 1을 넣고 멍울 없이 섞는다.

　도움말 l 소금을 넣지 않은 습식멥쌀가루를 사용한다.

　도움말 l 막걸리 섞은 물은 양을 조절하여 반죽이 주르륵 흐르는 농도가 될 때까지
　만 넣는다.

발효시키기

1 반죽에 랩을 씌워 따뜻한 곳에 놓고 약 4시간 동안 발효시킨다.

　도움말 l 일정한 온도 유지를 위해 온도를 중간 단계에 맞춘 전기 방석을 이용한다.
　단, 여름에는 발효시간을 짧게 조절한다.

　도움말 l 반죽이 다 발효되면 위에 씌운 랩이 둥글고 빵빵하게 부풀어 오른다.

2 발효된 반죽을 주걱으로 잘 섞어 가스를 완전히 빼고 다시 랩을
　씌워 2시간 더 발효시킨다.

3 다시 반죽을 잘 섞어 가스를 빼고 상온에서 랩을 씌우지 않은 채
　로 1시간 발효시킨다.

안치기 · 찌기

1 반죽을 주걱으로 잘 섞어 가스를 빼고 식용유(분량 외)를 살짝
　바른 증편틀에 90% 정도 차도록 붓는다.

　도움말 l 틀에 식용유를 바르면 찌고 난 뒤 틀에서 잘 떨어진다.

2 김 오른 물솥에 증편틀을 올린 찜기를 얹고 약불로 약 5분, 강불
　로 약 10분, 약불로 약 5분 동안 찐다.

　도움말 l 처음부터 강불로 찌면 떡이 부풀지 못하고 익어 버리기 때문에 약불로
　시작한다.

모양내기

1 잘 쪄진 증편 위에 석이버섯, 천일홍, 수레국화, 타임, 흑임자로
　장식한 뒤 틀에서 꺼내고 붓으로 식용유(분량 외)를 살짝 바른다.

반죽하기 2-1

2-2

발효시키기 1

안치기 · 찌기 1

모양내기 1

사과단자

홍옥은 추석 무렵 아주 짧게 스쳐 가는 과일이지요.
그래서 해마다 가을이면 발그스름한 홍옥으로 정과를
만들어 냉동실 가득 쟁여 둔답니다. 향긋한 사과정과를
넣어 단자를 만들고 정과를 받쳐 사랑스러운 분위기를
연출해 보았습니다.

12개 분량		
상온에서 하루까지 보관		

재료		
재료	찹쌀가루	250g
	물	약 50g
	딸기주스가루	약간
	설탕	20g

사과정과		
사과정과	사과(홍옥)	1개
	설탕	1컵
	물	1컵
	물엿	3큰술

소		
소	거피팥고물	200g
	→ 거피팥고물 만들기 p.33	
	사과정과	50g
	꿀	30g
	소금	1g

고물		
고물	코코넛가루	적당량

장식		
장식	호박씨	12개
	사과정과 껍질	적당량

정과 만들기

1 사과는 심을 파내고 동그란 모양을 살려 0.2cm 두께로 썬다.

도움말 l 껍질 색이 붉고 과육이 단단하면서 새콤한 맛이 있는 홍옥을 사용하면 좋다.

2 냄비에 설탕, 물, 물엿을 넣고 설탕이 모두 녹을 때까지 약불로 끓인다.

3 끓는 시럽에 사과를 4~5장씩 담가 30초 후에 건진다.

4 채반에 사과를 한 장씩 널고 약 5시간 동안 선풍기 바람을 쏘여 꾸덕하게 마르면 앞뒤로 설탕을 묻힌다.

도움말 l 밀폐용기에 넣고 냉동 보관하면 1년 내내 고운 색 그대로 즐길 수 있다.

소 만들기

1 사과정과를 잘게 다진다.

2 거피팥고물에 다진 사과정과와 꿀, 소금을 넣고 섞은 뒤 20g씩 나누어 동그랗게 빚는다.

정과 만들기

정과 만들기

소 만들기

물주기

1 찹쌀가루에 물을 넣고 손으로 고루 비빈다.

    도움말 | 천일염이 1.2% 포함된 습식찹쌀가루를 사용한다.

2 찹쌀가루를 중간체에 내린 뒤 딸기주스가루, 설탕을 넣고 섞는다.

안치기 · 찌기

1 찜기에 젖은 면포를 깔고 설탕(분량 외)을 흩뿌린 뒤 찹쌀가루를 주먹 쥐어 안친다.

2 강불로 약 20분, 약불로 약 5분 동안 찐다.

모양내기

1 찐 떡을 볼에 담고 절굿공이를 사용하여 찰기가 생기도록 치댄다.

2 치댄 떡을 25g씩 나누어 소를 넣고 감싼 뒤 코코넛가루에 굴린다.

    도움말 | 코코넛가루는 입자가 굵을 경우 분쇄기에 한 번 갈아 사용한다.

3 꼬치로 가운데 구멍을 내고 호박씨와 가늘게 자른 사과정과 껍질로 장식한다.

개성주악

개성주악은 찹쌀가루에 멥쌀가루나
밀가루를 섞은 뒤 막걸리로 빚어 기름에
지진 떡을 말합니다. 개성지방에서 즐겨
먹었던 음식으로 잔칫상이나 귀한 손님
대접에 빠지지 않았다고 하죠.
앙증맞은 생김새며 달콤하고 쫄깃한 맛이
누구에게나 환영받는 메뉴입니다.

10개 분량	재료	찹쌀가루	110g	즙청액	조청	160g
상온에서 이틀까지 보관		밀가루(중력분)	20g		생강	10g
		설탕	15g		물	40g
		막걸리	30g			
		물	약 10g	장식	호박씨	10개
					대추채	적당량
				→ 대추장식 만들기 p.35		

즙청액 만들기

1 조청과 얇게 저민 생강, 물을 섞어 한소끔 끓인 뒤 식힌다.

반죽하기

1 찹쌀가루, 밀가루, 설탕을 섞어 중간체에 한 번 내린다.
2 체에 내린 가루에 막걸리를 섞고 끓는 물을 한 숟가락씩 넣어 가며 익반죽한다.
   도움말 | 물의 양은 실내 온도, 습도, 쌀가루의 수분 정도에 따라 조절해 넣는다. 반죽을 조금 떼어 동그랗게 굴린 뒤 꾹 눌러 봤을 때 옆면이 갈라지면 너무 된 것이니 물을 조금 더 넣는다.
3 반죽을 17g씩 떼어 내 둥글게 굴리고 중앙에 젓가락으로 구멍을 뚫는다.

튀기기

1 120℃ 식용유(분량 외)에 넣고 봉긋하게 부풀어 오를 때까지 튀긴다.
   도움말 | 주악이 떠오르면 골고루 튀겨지도록 나무젓가락으로 굴린다.
2 온도를 160~180℃로 올려 연한 갈색이 날 때까지 튀긴다.
3 키친타월을 깐 쟁반에 얹어 기름을 제거하고 완전히 식힌다.

즙청하기 · 모양내기

1 즙청액에 주악을 담가 전체적으로 한 겹 씌워지도록 굴린 뒤 바로 건져 낸다.
2 여분의 즙청액이 빠지도록 채반에 올린다.
3 호박씨와 대추채로 장식한다.

즙청액 만들기 1

반죽하기 3

튀기기 2

즙청하기 · 모양내기 1

3

패턴설기

붉은색 홍국쌀가루를 써서 작은 조각으로 나누기
좋은 패턴설기를 만들었습니다. 한자로 百(백)을 넣어
백일떡으로 돌려도 좋고, 귀여운 문양을 넣어
유치원 생일파티에 사용해도 좋고,
답례품으로도 제격인 인기 만점 떡입니다.

2호 정사각형틀(18×18×7㎝)	재료	멥쌀가루	550g	장식용	멥쌀가루	20g
1개 분량		물	약 125g		홍국쌀가루	0.5g
상온에서 하루까지 보관		설탕	20g		물	약 5g
		흑설탕	75g			

물주기

1 멥쌀가루에 물을 넣고 손으로 고루 비빈다.

   도움말 | 천일염이 1.2% 포함된 습식멥쌀가루를 사용한다.

2 중간체에 세 번 내린 뒤 설탕을 섞어 절반씩 나눈다.

3 장식용 멥쌀가루에 홍국쌀가루를 섞은 뒤 물을 넣고 비벼 중간체
   에 내린다.

안치기 · 찌기

1 찜기에 시루밑을 두 장 깔고 2호 정사각형틀을 얹는다.

2 멥쌀가루 → 흑설탕 → 멥쌀가루 순으로 안치고 윗면을 스크레이
   퍼로 평평하게 정리한다.

   도움말 | 흑설탕에 물주기 한 멥쌀가루를 세 큰술 덜어 섞으면 설탕이 뭉치지 않아
   더 쉽게 펼칠 수 있다.

3 문양틀을 멥쌀가루 위에 얹는다.

4 문양 부분에 장식용 멥쌀가루를 채운 뒤 스크레이퍼를 사용해
   평평하게 정리하고 문양틀을 수직으로 조심스럽게 들어 올린다.

5 9등분 칼금 자국을 따라 과도로 칼금을 넣고 틀을 좌우로 움직여
   공간을 만든 뒤 틀을 빼낸다.

6 김 오른 물솥에 찜기를 올리고 강불로 약 20분, 약불로 약 5분 동안
   찐다.

7 떡이 다 쪄지면 한 김 식혀 넓은 쟁반으로 옮긴 뒤 칼금을 따라 하
   나씩 떼어 낸다.

물주기

3

안치기·찌기

2-1

2-2

4

삼색인절미

인절미는 재료가 간단해
손쉽게 만들 수 있는 떡입니다.
찹쌀떡을 알록달록한 고물에
보송보송하게 굴려 놓으면
색도 곱고 집어 먹기도 좋지요.
작은 큐브 모양으로 잘라
꼬치에 꿰는 아이디어를 더해
삼색인절미 꼬치를 만들었습니다.

	15개 분량	재료	찹쌀가루	500g	고물	콩고물(시판용)	적당량
	상온에서 하루까지 보관		물	약 98g		서리태고물(시판용)	적당량
			설탕	50g		흑임자고물(시판용)	적당량

물주기

1 찹쌀가루에 물을 넣고 손으로 고루 비빈다.

    도움말 | 천일염이 1.2% 포함된 습식찹쌀가루를 사용한다.

2 중간체에 내린 뒤 설탕을 넣고 가볍게 섞는다.

안치기 · 찌기

1 찜기에 젖은 면포를 깔고, 설탕(분량 외)을 조금 흩뿌린 뒤 찹쌀가루를 주먹으로 살짝 쥐어서 안친다.

2 김 오른 물솥에 찜기를 얹고 강불로 약 20분, 약불로 약 5분 동안 찐다.

모양내기

1 찐 떡을 볼에 담고 절굿공이로 찰기가 생기도록 치댄다.

2 사각쟁반에 펼쳐 놓고 살짝 굳혀서 먹기 좋은 크기로 자른 뒤 고물을 묻힌다.

    도움말 | 쟁반에 떡을 펼칠 때 기름 바른 비닐을 깔면 달라붙지 않는다.

    도움말 | 떡을 자를 때는 칼이나 스크레이퍼에 식용유를 약간 발라서 사용한다.

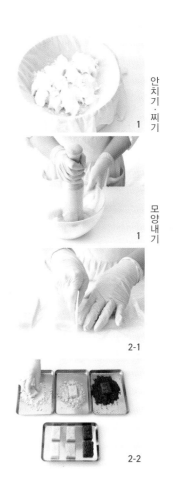

안치기 · 찌기 1

모양내기 1

2-1

2-2

흑미단자

찹쌀가루에 찰흑미가루를 섞어 찐 후 소를 넣고
모양을 낸 흑미단자입니다. 영양이 풍부하고
고소한 흑미와 그윽한 단맛의 거피팥고물이
잘 어울립니다.

12개 분량	재료	찹쌀가루	125g
상온에서 하루까지 보관		찰흑미가루	125g
		물	약 50g
		설탕	25g

고물	거피팥고물	100g
	→ 거피팥고물 만들기 p.33	
	설탕	10g
	소금	약간

소	거피팥고물	200g
	→ 거피팥고물 만들기 p.33	
	잣	1큰술
	꿀	32g
	소금	1g

| 장식 | 피칸강정 | 적당량 |
| | → 피칸강정 만들기 p.146 | |

고물 만들기

1 거피팥고물에 설탕, 소금을 넣고 마른 팬에 보슬보슬하게 볶아
중간체에 내린다.

소 만들기

1 거피팥고물에 잣, 꿀, 소금을 넣어 잘 섞고 20g씩 나누어 동그랗게
빚는다.

물주기

1 찹쌀가루와 찰흑미가루를 섞은 뒤 물을 넣고 손으로 고루 비빈다.
   도움말 | 천일염이 1.2% 포함된 습식찹쌀가루, 습식찰흑미가루를 사용한다.
2 중간체에 내린 뒤 설탕을 넣고 가볍게 섞는다.

안치기 · 찌기

1 찜기에 젖은 면포를 깔고 설탕(분량 외)을 뿌린 뒤 쌀가루를 주먹
쥐어 안친다.
2 김 오른 물솥에 찜기를 얹고 강불로 약 20분, 약불로 약 5분 찐다.

모양내기

1 찐 떡을 볼에 담고 절굿공이로 찰기가 생기도록 치댄다.
2 치댄 떡을 25g씩 나누고 소를 넣어 감싼다.
3 고물을 묻힌 뒤 피칸강정을 얹어 장식한다.

고물 만들기 1

안치기 찌기 1

모양내기 2

3

국화송편·호박송편

여러 가지 천연재료로 떡을 물들이고 고소한 소를 채워
빚은 송편입니다. 모양내기가 번거로울 것 같지만
만들다 보면 은근히 만드는 재미에 빠지게 된답니다.
접시에 정갈하게 담아 만든 이의 솜씨를 뽐내 보세요.

국화송편 13개, 호박송편 9개 분량	재료	국화송편		소	볶은 거피참깨	90g
상온에서 하루까지 보관		자색고구마	40g		설탕	45g
		멥쌀가루	150g		소금	약간
		물	약 35g			
		호박송편				
		단호박	40g			
		멥쌀가루	150g			
		물	약 30g			

소 만들기

1 볶은 참깨를 믹서에 굵게 갈아 설탕, 소금과 섞는다.

도움말 I 참깨 소에 약간의 물과 콩고물(분량 외)을 넣어 촉촉하게 만들면, 소가 흩어지지 않아서 송편을 깔끔하게 빚을 수 있다.

반죽하기

1 고구마, 단호박은 껍질을 벗겨 찜기에 푹 무르게 찐 뒤 서로 다른 볼에 담아 부드럽게 으깨어 둔다.

도움말 I 고구마, 단호박은 한꺼번에 많은 양을 으깨어 소분한 뒤 냉동해 두고 필요할 때마다 상온에서 해동해 사용하면 편리하다.

2 멥쌀가루에 으깬 고구마, 단호박을 각각 섞은 뒤 중간체에 한 번 내린다.

3 각 멥쌀가루에 끓는 물을 조금씩 넣어 가며 치대어 익반죽한다.

도움말 I 반쯤 치댔을 때 새알 크기의 반죽을 끓는 물에 10초 정도 데쳐 반죽에 섞으면 반죽에 찰기가 생긴다.

도움말 I 반죽을 송편 하나 크기로 떼어 굴린 뒤 손바닥으로 납작하게 눌렀을 때 옆면이 갈라지지 않으면 알맞은 반죽이다.

모양내기

1 국화송편 반죽은 16g씩, 호박송편 반죽은 23g씩 떼어 둥글게 빚은 뒤 가운데를 파고 소를 채운 뒤 오므린다.

도움말 I 소를 넣은 반죽은 손으로 꾹꾹 쥐어 공기를 빼야 모양낼 때 터지지 않는다.

2 국화송편 반죽은 지름 5㎝ 국화 틀에 넣고 모양을 낸다.

3 호박송편은 마지팬스틱이나 꼬치로 줄을 그어 호박 모양을 만든다.

4 남은 호박송편 반죽은 동글납작하게 빚어 국화송편에 꽃술을 만들어 붙이고, 모싯잎송편(→p.152) 반죽으로는 호박송편에 꼭지, 잎을 만들어 장식한다.

안치기 · 찌기

1 시루밑을 깐 찜기에 송편을 안치고 강불로 약 25분 동안 찐다.

2 한 김 식힌 뒤 꺼내어 참기름(분량 외)을 바른다.

반죽하기 2

3

모양내기 1

3

안치기 찌기 2

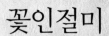

꽃인절미

콩고물 대신 보드라운 카스텔라 고물을 묻힌 인절미예요.
색도 예쁘고 식감도 촉촉해 콩고물을 좋아하지 않는
사람도 좋아한답니다.

15개 분량	**재료**	찹쌀가루	500g	**고물**	카스텔라	90g
상온에서 하루까지 보관		물	약 98g			
		설탕	50g	**고명**	대추꽃	15개
					→ 대추장식 만들기 p.35	
					쑥갓 잎	약간

고물 만들기

1 카스텔라는 색이 어두운 겉부분을 잘라 내고 중간체에 내린다.

물주기

1 찹쌀가루에 물을 넣고 손으로 고루 비빈다.

   도움말 | 천일염이 1.2% 포함된 습식찹쌀가루를 사용한다.

3 중간체에 내린 뒤 설탕을 넣고 섞는다.

안치기 · 찌기

1 찜기에 젖은 면포를 깔고 설탕(분량 외)을 조금 흩뿌린 뒤 찹쌀가
루를 주먹 쥐어 안친다.

2 김 오른 물솥에 찜기를 얹고 강불에서 약 20분, 약불에서 약 5분
동안 찐다.

모양내기

1 찐 떡을 볼에 담고 절굿공이를 사용하여 찰기가 생기도록 치댄다.

2 쟁반 위에 식용유(분량 외)를 바른 비닐을 깔고 찧은 떡을 1.5㎝
두께로 펼쳐서 잠시 굳힌다.

3 인절미를 적당한 크기로 자른 뒤 대추꽃과 쑥갓 잎을 붙이고 카스
텔라 고물을 골고루 묻힌다.

   도움말 | 떡을 자를 때는 칼이나 스크레이퍼에 식용유를 약간 발라서 사용한다.

고물 만들기 1

안치기 · 찌기 1

모양내기 1

3-1

3-2

오븐찰떡

이름 그대로 오븐에 굽는 찰떡이에요.
휘리릭 반죽해 틀에 채워 굽기만 하면 되니
카페에서 한꺼번에 여러 개를 만들어 판매하기 좋지요.
낱개 포장해 냉동해 두었다가 하나씩 꺼내
상온에서 해동해 드세요.

지름 8㎝ 타르트틀 12개 분량	재료	찹쌀가루	250g		강낭콩배기(시판용)	20g
상온에서 하루까지 보관		설탕	10g		완두배기(시판용)	20g
		베이킹파우더	2g		팥배기(시판용)	20g
		우유	125g		피칸	12개
					아몬드슬라이스	적당량

반죽하기

1 찹쌀가루에 설탕, 베이킹파우더를 넣고 섞는다.

  도움말 | 천일염이 1.2% 포함된 습식찹쌀가루를 사용한다.

2 강낭콩배기, 완두배기, 팥배기를 넣고 우유를 조금씩 넣어 가며 날가루 없이 잘 섞는다.

  도움말 | 주걱으로 반죽을 들 때 한 덩어리씩 뚝뚝 떨어지는 정도가 되도록 우유 양을 조절해 넣는다.

굽기

1 타르트틀에 식용유(분량 외)를 고루 바른 뒤 반죽을 틀 높이 90% 까지 부어 고르게 펴고 중앙에 피칸, 아몬드슬라이스를 올려 장식한다.

2 170℃로 예열한 오븐에 넣고 약 30분 동안 윗면이 노릇노릇해질 때까지 굽는다.

반죽하기 2-1

2-2

1 굽기

2

과일강정

화려한 색감의 마른 과일을 더해 만든 쌀강정입니다.
쫀득한 식감에 새콤달콤한 과일의 씹는 맛이 어우러져
입도 즐겁고 눈도 즐거운 과자지요. 강정은 찬바람이 불면
더욱 맛있답니다. 다양한 과일을 넣어 즐겨 보세요.

20개 분량
상온에서 일주일.
냉동에서 한 달까지 보관

재료	시럽	
	물	25g
	설탕	75g
	물엿	225g

오렌지 강정

강정용 구운 쌀(시판용)	127g
시럽	100g
치자가루	약간
말린 오렌지	적당량
생감태	적당량

키위 강정

강정용 구운 쌀(시판용)	127g
시럽	100g
말차가루	약간
말린 키위	적당량
생감태	적당량

딸기 강정

강정용 구운 쌀(시판용)	127g
시럽	100g
말린 딸기	적당량
생감태	적당량

준비하기

1 비닐을 깐 도마 위에 20×30×1.5㎝ 강정 틀을 뒤집어 놓고 말린 과일과 조금씩 뜯은 생감태를 틀 안에 놓는다.

   도움말 | 말린 과일과 생감태가 있는 쪽이 강정의 윗면이 되므로 완성된 모양을 고려해 장식이 너무 가깝거나 멀지 않게 놓는다.

볶기

1 물, 설탕, 물엿을 모두 냄비에 넣고 약불로 데워 시럽을 만든다. 가장자리부터 끓기 시작하면 5분 더 끓이고 불에서 내린다.

2 마른 팬에 끓인 시럽과 색 내기 가루를 넣어 섞고 약불로 데우다가 끓기 직전 김이 조금 올라오기 시작할 때 구운 쌀을 넣어 한 덩어리가 될 때까지 볶는다.

   도움말 | 너무 오래 볶으면 딱딱해지니 한 덩어리로 뭉쳐지면 바로 불에서 내린다.

모양내기

1 볶은 쌀을 강정 틀에 쏟아 골고루 펼치고 뜨거울 때 바로 밀대로 평평하게 민다.

   도움말 | 식용유를 살짝 바른 위생장갑을 끼고 펼치면 달라붙지 않는다.

2 강정틀을 뒤집어 장식이 위로 오게 하고 비닐을 벗겨 낸다.

3 약간 식어 온기가 남아 있을 때 원하는 크기로 자른다.

준비하기 1

볶기 2

모양내기 1

3

123

꽃약과

최근 몇 년간 젊은 사람들 사이에서 약과 열풍이
불고 있다지요. 기름에 지져 즙청하여 만드는
유밀과의 한 종류인 약과를 보다 쉽게 만들 수 있는
방법이에요. 다과상에 내기도 좋고
개별 포장해 판매하기도 좋은 과자랍니다.

20개 분량	재료	밀가루	125g	즙청액	조청	540g
상온에서 사흘,		도넛믹스(시판용)	41g		물	160g
냉동에서 한 달까지 보관		건식찹쌀가루	21g		생강	60g
		달걀	56g		계핏가루	2g
		설탕	62g			
		식용유	6g			

즙청액 만들기

1 냄비에 조청, 물, 얇게 저민 생강, 계핏가루를 넣어 한소끔 끓이고 식힌다.

반죽하기

1 달걀에 설탕을 두세 번 나누어 넣고 잘 섞어 녹인다.
2 밀가루, 도넛믹스, 건식찹쌀가루를 중간체에 한 번 내린 뒤 1의 달걀과 식용유를 넣고 섞어 반죽한다.
3 반죽을 랩으로 싸 상온에서 약 1시간 동안 숙성시킨다.
4 반죽을 15g씩 나눈다.
5 지름 4.5cm 약과틀에 식용유(분량 외)를 바르고 반죽을 꼭꼭 눌러 찍어 낸다.
   도움말 I 틀에 채운 반죽은 꼬치로 가장자리를 두 군데 정도 살짝 찔러 꺼내면 깔끔하게 분리할 수 있다.

튀기기

1 110~120℃ 식용유(분량 외)에 약과 반죽을 넣고 튀긴다.
   도움말 I 튀김 솥에 넣을 때는 꽃모양이 있는 윗부분이 바닥을 향하도록 한다.
2 갈색으로 알맞게 튀겨지면 건져 내어 키친타월을 여러 번 바꿔 가며 기름기를 뺀다.

즙청하기

1 즙청액에 하루 이상 담갔다가 건져서 채반에 세워 놓고 말린다.
   도움말 I 담가 놓는 동안 자주 뒤적이면 즙청액이 고르게 흡수되어 더욱 맛있게 완성된다.

즙청액 만들기 1

반죽하기 2

반죽하기 5

튀기기 2

즙청하기 1

감태오란다

입천장이 벗겨질 정도로 딱딱했던 그 옛날 오란다를 추억하면서
좀 더 부드러운 오란다를 만들어 보았습니다. 거기에 바다 향 가득한
생감태를 얹었더니 격조 있는 간식으로 거듭났어요.
작게 잘라 차에 곁들여 보세요.

15개 분량	재료	쌀오란다볼(시판용)	155g	시럽	조청	60g
상온에서 일주일.		감태	1장		올리고당	40g
냉동에서 한 달까지 보관					설탕	30g
					버터	10g

준비하기

1 도마에 높이 20×30×1.5㎝ 강정틀을 뒤집어 놓고 감태를 바닥에 깐다.

볶기

1 팬에 시럽 재료를 모두 넣고 약불에서 설탕과 버터가 완전히 녹을 때까지 끓인다.

2 끓는 시럽에 쌀오란다볼을 넣고 하나로 뭉쳐질 때까지 약불로 볶는다.

도움말 ㅣ 제대로 볶아지면 시럽이 엉겨 오란다볼 사이로 실끈처럼 늘어난다.

모양내기

1 오란다볼을 강정틀에 깐 감태 위에 쏟아 골고루 펼치고 뜨거울 때 밀대로 평평하게 민다.

도움말 ㅣ 식용유를 살짝 바른 위생장갑을 끼고 펼치면 달라붙지 않는다.

2 강정틀을 뒤집어 감태가 위로 오게 한다.

3 완전히 식으면 원하는 크기로 자른다.

준비하기 1

볶기 1

2

모양내기 1

3

참깨마카롱

참깨를 시럽과 함께 물들여 볶은 깨강정에 콩가루 소를
채워 요즘 인기 있는 마카롱을 만들어 보았어요.
고소한 참깨의 맛과 꿀을 넣고 반죽한 콩가루의 맛이
어찌나 잘 어울리는지요. 쌉쌀하고 향기로운 차 한잔에
참깨마카롱 하나면 완벽한 티타임이 된답니다.

재료	흰색	
	볶은 거피참깨 50g	
	물엿 15g	
	설탕 10g	

	검정	
	볶은 흑임자(검은깨)	50g
	물엿	15g
	설탕	10g

	노랑	
	볶은 거피참깨	50g
	물엿	15g
	설탕	10g
	치자가루	약간

	초록	
	볶은 거피참깨	50g
	물엿	15g
	설탕	10g
	시금치가루	약간

	분홍	
	볶은 거피참깨	50g
	물엿	15g
	설탕	10g
	백년초가루	약간

	파랑	
	볶은 거피참깨	50g
	물엿	15g
	설탕	10g
	청치자가루	약간

필링	콩고물(시판용)	150g
	꿀	96g

필링 만들기

1 콩고물에 꿀을 넣어 되직하게 반죽한다.
2 3g씩 나누어 동글납작하게 빚는다.

볶기

1 물엿, 설탕을 팬에 넣고 약불로 끓인다.
2 끓는 시럽에 참깨 또는 흑임자와 각각의 색 내기 재료를 넣고 하나로 뭉쳐질 때까지 약불로 볶는다.

모양내기

1 비닐을 깐 20×30×0.6㎝ 강정틀에 볶은 참깨를 쏟아 붓고 뜨거울 때 평평하게 민다.

  도움말 l 양이 적어 틀 크기가 맞지 않을 때는 틀과 같은 높이의 보조틀로 남는 공간을 막고 높이를 맞추면서 민다.

2 식용유(분량 외)를 약간 바른 비닐을 덮고 지름 2.7㎝ 원형 커터로 깨강정을 찍어 낸다.

  도움말 l 식기 전에 비닐을 덮고 커터로 찍으면 마카롱처럼 봉긋하게 만들어진다.

3 찍어 낸 깨강정 두 쪽 사이에 콩고물 필링을 넣어 마무리한다.

볶기 2

모양내기 1

2

3

오색구슬강정

하얀 강정용 구운 쌀을 천연가루로 곱게 물들여 오색구슬강정을 만들었습니다.
만드는 손길에 따라 물들임의 정도에 따라, 진하면 진한 대로
연하면 연한 대로 매일 보아도 예쁘답니다.

재료	시럽	
	물	13g
	설탕	39g
	물엿	117g
	생강	10g

23개 분량
상온에서 닷새,
냉장 또는 냉동에서 한 달까지 보관

흰색	강정용 구운 쌀(시판용)	32g
	시럽	30g
	땅콩	1큰술

검정	강정용 구운 쌀(시판용)	32g
	시럽	30g
	볶은 흑임자(검은깨)	1큰술

초록	강정용 구운 쌀(시판용)	32g
	시럽	30g
	말차가루	약간
	호박씨	1큰술

노랑	강정용 구운 쌀(시판용)	32g
	시럽	30g
	치자가루	약간
	유자청 건지	약간

분홍	강정용 구운 쌀(시판용)	32g
	시럽	30g
	백년초가루	약간
	대추	2개

준비하기

1 땅콩, 호박씨는 굵게 다진다.
2 유자청 건지, 대추는 곱게 다진다.
   도움말 | 흑임자, 피스타치오, 들깨 등 다양한 재료를 사용해도 좋다.

볶기

1 팬에 물, 설탕, 물엿, 얇게 저민 생강을 넣고 약불에 올려 가장자리부터 끓기 시작하면 약 2분 더 끓여 시럽을 만든다.
2 저민 생강을 건져 낸 다음 시럽을 계량하여 색 내기 재료와 함께 각각의 냄비에 넣고, 끓으면 강정용 구운 쌀과 다진 재료를 넣어 한 덩어리가 될 때까지 볶는다.
   도움말 | 시럽이 전체적으로 끓으면서 거품이 날 때 재료를 넣고 볶는 것이 좋다.
   도움말 | 유자청(노랑)을 넣을 때는 다른 시럽보다 조금 더 졸인다.
   도움말 | 너무 오래 볶으면 완성된 강정이 딱딱해질 수 있다.

모양내기

1 2~3g씩 떼어 내 손으로 동그랗게 굴려서 모양을 낸다.
   도움말 | 위생장갑에 식용유를 살짝 바르면 손에 달라붙지 않는다.
   도움말 | 만드는 도중에 굳지 않도록 재빠르게 굴리고 중간에 굳으면 살짝 가열해 녹이면서 작업한다.

볶기 2-1
2-2
2-3
모양내기

흑임자다식

꿀로 반죽한 흑임자를 윤기가 돌 때까지
절구에 찧어 다식판에 박아 낸
흑임자다식은 맛도 모양도 기품이
넘치지요. 꿀과 재료 고유의 맛이
조화로워야 하는 다식의 특징을
잘 드러내는 한과입니다.

23개 분량
상온에서 이틀까지,
냉동에서 한 달까지 보관

재료	볶은 흑임자(검은깨)	100g
	소금	1g
	꿀	32g

준비하기

1 흑임자와 소금을 분쇄기에 넣고 기름이 나와 질어질 때까지 간다.
2 흑임자에 꿀 절반을 섞어 그릇에 담고 랩을 씌운 뒤 찜기에 넣어 20분 동안 찐다.

반죽하기

1 찐 흑임자를 절구에 쏟고 남은 꿀을 조금씩 넣어 가며 찧는다.
2 기름이 나와 윤이 나면 한 덩어리로 뭉쳐 손으로 세게 쥐어 기름을 짜낸다.

모양내기

1 반죽한 흑임자를 6g씩 집어 길쭉하게 뭉친 뒤 지름 2.5㎝ 다식틀에 채워 넣고 누름봉으로 강하게 누른다.
2 다식이 부서지지 않도록 주의하며 틀에서 빼낸다.

준비하기 2

반죽하기 1

2

모양내기 1

견과류크런치

늘 먹던 견과류도 식상할 때가 있지요.
그럴 때는 견과류에 색 고운 설탕 옷을 입히고
버터로 풍미를 더해 맛있는 견과류크런치를
만들어 보세요. 종지에 소복이 담아 하나씩
집어 먹으면 그야말로 자꾸만 손이 가는
주전부리가 된답니다.

상온에서 일주일,
냉동에서 한 달까지 보관

재료	헤이즐넛 크런치		아몬드 크런치	
	헤이즐넛	100g	아몬드	100g
	우유	30g	물	30g
	설탕	25g	설탕	25g
	소금	0.5g	소금	0.5g
	백년초가루	2g	버터	4g
	물	2g		
	전분	2g		

헤이즐넛 크런치

1 우유, 설탕, 소금, 백년초가루를 팬에 넣고 중불에 올려 설탕이
모두 녹을 때까지 잘 젓는다.
도움말 l 우유를 넣으면 단백질이 응고되어 매끄러운 헤이즐넛 표면에 설탕 결정이
잘 붙는다.

2 헤이즐넛을 넣고 저으면서 중불로 계속 가열한다.

3 수분이 조금 남은 상태에서 약불로 줄이고 물에 전분을 개어 조금
씩 흘려 넣으며 잘 젓는다.
도움말 l 표면이 매끄러운 견과류에는 설탕 결정이 잘 붙지 않기 때문에 전분물을
넣어 설탕 결정이 단단하게 붙게 한다.

4 충분히 졸아 설탕 결정이 생기면 불을 끄고 잔열이 있는 상태에서
뒤적여 완성한다.
도움말 l 잔열로 볶으면 완성된 크런치가 더욱 바삭해진다.

아몬드 크런치

1 물, 설탕, 소금을 넣고 중불에서 설탕이 모두 녹아 시럽 상태가 될
때까지 잘 젓는다.

2 아몬드와 버터를 넣고 저으면서 중불로 계속 가열한다.

3 시럽이 거의 졸면 약불로 줄이고 바닥에 눌어붙지 않게 계속 젓
는다.

4 충분히 졸아 설탕 결정이 생기면 불을 끄고 잔열이 있는 상태에서
뒤적여 완성한다.

헤이즐넛 크런치

2

3

4

아몬드 크런치

2

4

들깨강정

볶은 들깨를 엿물에 버무리고
반반하게 밀어 펴 자른 들깨강정입니다.
고소한 들깨의 향과 입 안에서
톡톡 터지는 식감이 재미있습니다.
강정에 드문드문 박힌 잣은 맛의
단조로움을 덜어 줍니다.

재료	들깨	215g
	잣	20g

시럽	물엿	75g
	설탕	50g
	물	12g

30개 분량
상온에서 일주일,
냉동에서 두 달까지 보관

준비하기

1 잣은 마른 팬에서 살짝 볶는다.

볶기

1 팬에 물엿, 설탕, 물을 넣고 약불로 끓인다.
2 끓는 시럽에 들깨와 잣을 넣고 하나로 뭉쳐질 때까지 약불로 볶는다.

모양내기

1 비닐을 깐 20×30×0.6㎝ 강정틀에 쏟아 골고루 펼치고 뜨거울
   때 밀대로 평평하게 민다.

   도움말 | 강정틀 밑에 식용유 바른 비닐을 깔고, 식용유 바른 위생장갑을 낀 채로
   펼치면 달라붙지 않는다.

2 약간 식어 온기가 남아 있을 때 칼을 이용해 원하는 크기로 자른다.

볶기 2-1

볶기 2-2

모양내기 1

모양내기 2

강란

강란은 생강을 갈아 건지, 생강녹말과 꿀을 넣고 조린 뒤
잣가루를 묻혀 내는 한과입니다. 알싸한 생강의 향과
잣의 고소함이 절묘하게 어우러져 찬바람 부는 계절,
차와 함께 내기 좋습니다.

13개 분량	**재료**	생강	100g	**마무리** 잣가루 1/4컵
상온에서 이틀,		물	100g	→ 잣가루 만들기 p.34
냉장에서 일주일까지 보관		설탕	45g	
		소금	0.5g	
		물엿	15g	
		꿀	8g	

준비하기

1 생강은 껍질을 벗겨서 얇게 저민 뒤 믹서에 넣고 넉넉한 물(분량 외)과 함께 곱게 간다.

2 간 생강을 면포에 쏟아 물기를 짜 낸 뒤 면포째 맑은 물에 여러 번 헹궈 생강의 매운 맛을 없앤다.

3 생강 간 물과 걸러 낸 물을 한 그릇에 받아 두어 전분을 가라앉힌다.

조리기

1 물기를 꼭 짜 낸 생강 건더기, 물, 설탕, 소금을 냄비에 넣고 잘 저으면서 중약불로 끓인다.

    도움말 | 끓으면서 위에 떠오르는 거품은 말끔히 걷어 낸다.

2 가라앉은 전분에 물(분량 외)을 넣고 덩어리 없이 곱게 푼다.

    도움말 | 이때 들어가는 물 양은 가라앉은 전분을 풀 수 있는 정도면 충분하다.

3 1이 반 정도 조려졌을 때 2를 넣고 골고루 섞어 서로 엉기게 한다.

4 거의 조려졌을 때 물엿을 넣고 약불로 줄여 서서히 조린다.

5 팬 바닥의 수분이 거의 날아갔을 때 꿀을 섞고 불을 끈다.

    도움말 | 꿀은 가열하면 향이 날아가므로 전체적으로 섞이면 바로 불에서 내린다.

6 팬에 남은 잔열이 식을 때까지 뒤적인 뒤 그릇에 펼쳐 완전히 식힌다.

모양내기

1 설탕물(분량 외)을 손에 묻히고 조린 생강을 삼각형 뿔이 난 생강 모양으로 빚는다.

    도움말 | 설탕물은 물, 설탕(분량 외)을 10:1 비율로 섞어 준비한다. 끈적한 조린 생강이 손에 들러붙지 않고, 잣가루가 더 잘 붙도록 한다.

2 강란을 다 빚으면 젓가락을 사용해 잣가루를 묻힌다.

준비하기 2-1

준비하기 2-2

조리기 1

조리기 3

모양내기 2

곶감호두말이

곶감호두말이는 간단하지만 만들어 놓고 나면
품격이 느껴지는 간식이에요. 쫄깃쫄깃한
곶감이랑 경쾌하게 씹히는 호두가
참 잘 어울리지요. 달지 않은 차와
함께 내면 더욱 맛있게
즐길 수 있답니다.

14개 분량
냉동에서 두 달까지 보관

재료	곶감	4개
	호두반태	12개

준비하기

1 곶감은 꼭지를 떼고 옆을 갈라 넓게 편 다음 씨를 빼고 두께가
균일한 직사각형이 되도록 속과 위아래를 약간 잘라 낸다.

도움말 Ⅰ 덜 말라 물렁한 곶감은 선풍기로 하루 정도 말려 꼬들꼬들한 상태로 사용
한다.

모양내기

1 펼친 곶감을 김발 위에 0.5cm씩 겹치도록 하여 가로로 놓는다.
2 호두를 두 쪽씩 마주 보게 포개어 올린 뒤 김밥 싸듯이 돌돌 만다.
3 랩을 씌우고 양옆을 탄탄하게 감아 모양을 고정시킨 뒤 냉동실에
넣어 굳힌다.
4 내놓기 전 알맞은 두께로 썰고 랩을 벗긴다.

도움말 Ⅰ 랩을 벗긴 뒤 썰면 모양이 풀어질 수 있으니 랩을 씌운 채로 자른다.

준비하기 1

모양내기 2-1

2-2

4

연근칩

얇게 썬 연근에 천연재료로 색을 입히고 바짝 말려
고온에 튀겨 낸 연근칩입니다. 고소한 맛과 바삭함에
연근의 영양까지 더한 건강 스낵이지요.

상온에서 일주일까지,
냉동에서 한 달까지 보관

재료	연근	200g		소금	4g
	물A	1,000g		치자가루	약간
	식초	75g		천연색소(그린)	약간
	물B	1,000g			

준비하기

1 연근을 깨끗이 씻은 뒤 껍질을 벗기고 0.2㎝ 두께로 둥글게 썬다.
2 식초를 탄 물A에 연근을 30분 동안 담가 전분을 뺀다.
    도움말 | 식초 물에 담가 두면 연근의 색이 누렇게 변하는 것을 막을 수 있다.
3 끓는 물(분량 외)에 넣고 연근이 투명해질 때까지 잠깐 데친 뒤 찬
    물에 헹군다.
4 물B에 소금을 완전히 녹여 볼 3개에 나눠 담고, 그중 2개의 볼에
    치자가루, 초록색 천연색소를 넣어 색을 낸다.
5 각각의 소금물에 데친 연근을 담가 20분 동안 둔다.

건조하기

1 연근을 건져 키친타월로 물기를 완전히 제거한다.
2 채반에 넣어 70℃ 건조기에 넣고 앞뒤로 뒤집어 가며 바싹 말린다.
    도움말 | 실내 습도가 낮은 경우 건조기에 넣지 않고 상온에 말려도 좋다.

튀기기

1 200℃ 식용유(분량 외)에 연근을 조금씩 넣어 튀기다가 떠오르면
    건져 낸다.
2 튀긴 연근을 도톰하게 깐 키친타월에 올리고 기름을 제거한다.

준비하기 5

건조하기 2

튀기기 1

2

143

호두강정

떫은 맛을 빼고 시럽에 조린 뒤 기름에 튀겨 낸 호두강정이에요.
윤기 나는 자태, 입 안에서 와사삭 부서지는 경쾌한 식감,
고소하고 달콤한 맛이 아주 매력적이지요.

재료	호두	150g
	소금	1g
	물	200g
	설탕	85g
	물엿	15g

준비하기

1 냄비에 물을 팔팔 끓인 뒤 소금을 넣고 호두를 1분 동안 데쳐 낸다.
2 찬물에 헹궈 열기를 뺀 다음 키친타월로 물기를 제거한다.
3 120℃로 예열한 오븐에 호두를 넣고 25분 동안 구워 수분을 날린다.

조리기

1 팬에 물, 설탕, 물엿을 함께 넣고 약불에 올려 녹인다.
2 시럽이 끓으면 호두를 넣고 뒤적이며 조린다.
3 시럽이 거의 졸고 반짝이는 윤기가 나면 채반에 밭쳐 남은 시럽이
　빠지게 둔다.

튀기기

1 130~140℃ 식용유(분량 외)에 조린 호두를 넣고 바삭하게 튀긴다.
2 체로 호두를 건져 내 기름을 빼고 한 김 식힌 뒤 키친타월로 기름
　을 닦아 낸다.

조리기 1

튀기기 1

2

피칸강정

호두보다 가볍고 순한 맛의 피칸을
이용해 강정을 만들었어요.
건조하고 선선한 바람이 불 때 만들어
기름기를 최대한 제거한 다음
밀봉해서 냉동 보관하면
두고두고 꺼내 먹기 좋답니다.

상온에서 일주일,
냉동에서 한 달까지 보관

재료	피칸	150g
	소금	1g
	물	200g
	설탕	180g
	물엿	45g

준비하기

1 냄비에 물을 팔팔 끓인 뒤 소금을 넣고 피칸을 30초 동안 데쳐 낸다.
2 찬물에 헹궈 열기를 뺀 다음 키친타월로 물기를 제거한다.
3 120℃로 예열한 오븐에 피칸을 넣고 25분 동안 구워 수분을 날린다.

조리기

1 팬에 물, 설탕, 물엿을 넣고 시럽이 끓으면 피칸을 넣고 뒤적여 가며
  약불로 조린다.
2 시럽이 거의 졸고 반짝이는 윤기가 나면 채반에 밭쳐 남은 시럽이
  빠지게 둔다.

튀기기

1 130~140℃ 식용유(분량 외)에 조린 피칸을 넣고 바삭하게 튀긴다.
2 체로 피칸을 건져 내 기름을 빼고 한 김 식힌 뒤 키친타월로 기름
  을 닦아 낸다.

조리기 1

튀기기 1

2

147

좋다는 간식을 접해 보아도 자주 먹기에는 우리 떡과 한과만큼 좋은 것이
없는 것 같아요. 맛도 영양도 훌륭한 떡·한과를 자주 즐길 수 있도록 집에서
쉽게 만들어 먹을 수 있는 메뉴로 준비해 봤습니다. 모양은 조금 투박하지만
제철 재료로 만들어 향기로운 떡·한과로 깊은 정을 나눠 보세요.

03

일상에서 나누는
간식 떡 · 한과

잡과병

잡과병은 멥쌀가루에 여러 가지 과일을 섞어 찐 떡으로, 유자청의 풍부한 향미와
건과의 씹는 맛이 일품이지요. 옛날에는 가을철 햇과일을 넣어서 만들었다고 하는데
매실정과, 귤병, 견과류 등을 넣어 더욱 먹음직스럽게 만들어 보세요.

	1호 원형틀(15×6㎝) 1개 분량					
	상온에서 하루까지 보관					

재료	멥쌀가루	350g	밤	4개
	캐러멜소스	15g	대추	7개
	꿀	50g	곶감	1개
	물	약 27g	유자청 건지	1큰술
	황설탕	30g		

준비하기

1 밤은 껍질을 벗겨 8등분하고 대추는 씨를 발라 6등분한다.
2 곶감은 씨를 빼고 유자청 건지와 함께 잘게 썬다.

물주기

1 멥쌀가루에 캐러멜소스, 꿀을 넣고 섞은 뒤 물을 조금씩 넣고 손으
  로 고루 비빈다.
  도움말 | 천일염이 1.2% 포함된 습식멥쌀가루를 사용한다.
2 멥쌀가루를 중간체에 내린 뒤 황설탕을 넣고 가볍게 섞는다.
3 준비한 밤, 대추, 곶감, 유자청 건지를 넣고 버무린다.

안치기 · 찌기

1 찜기에 시루밑을 두 장 깔고 1호 원형틀을 얹은 다음 부재료와
  버무린 멥쌀가루를 골고루 펴 안친다.
2 틀을 좌우로 움직여서 공간을 만든 뒤 틀을 빼낸다.
3 김 오른 물솥에 찜기를 올리고 강불로 약 20분, 약불로 약 5분
  동안 찐다.
4 한 김 식혀서 접시나 케이크 판에 옮긴다.

준비하기 2

물주기 1

물주기 3

안치기·찌기 2

모싯잎송편

모싯잎은 향도 좋고 색도 예쁜데다
칼슘이 많아 뼈 건강에도 좋다고 해요.
삶은 모싯잎을 그대로 써도 좋지만
모싯잎가루를 사용하면 편리하게
모시송편을 만들 수 있지요.
한번 만들 때 많이 만들어
냉동 보관했다가 데워 먹으면
금방 만든 것처럼 부드러워진답니다.

8개 분량 상온에서 하루까지 보관	재료	멥쌀가루 모싯잎가루 물	150g 4g 약 60g	소	녹두고물 → 녹두고물 만들기 p.33 설탕 소금	50g 10g 약간

소 만들기

1 녹두고물에 설탕, 소금을 섞는다.

반죽하기

1 멥쌀가루에 모싯잎가루를 섞어 중간체에 한 번 내린다.

   도움말 l 천일염이 1.2% 포함된 습식멥쌀가루를 사용한다.

2 끓는 물을 한 숟가락씩 넣어 가며 치대어 익반죽하고 25g씩 나눈다.

   도움말 l 반죽이 매끈하고 말랑해질 때까지 치댄다.

   도움말 l 반쯤 치댔을 때 새알 크기의 반죽을 끓는 물에 10초 정도 데쳐 반죽에 섞
   으면 반죽에 찰기가 생긴다.

모양내기

1 둥글게 빚은 뒤 가운데를 오목하게 만들어 소를 넣고 나뭇잎 모양
   으로 빚는다.

   도움말 l 소를 넣은 반죽은 손으로 꾹꾹 쥐어 공기를 빼야 모양낼 때 터지지 않는다.

   도움말 l 소를 넣지 않고 연잎 틀을 사용하여 만들어도 좋다.

2 마지팬스틱으로 윗면과 양옆에 잎맥을 만든다.

안치기 · 찌기

1 시루밑을 깐 찜기에 송편을 안친다.

2 김 오른 물솥에 찜기를 올리고 강불로 약 25분 동안 찐다.

3 한 김 식힌 뒤 참기름(분량 외)을 바른다.

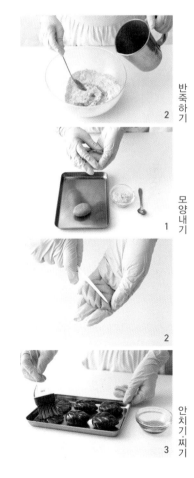

반죽하기 2

모양내기 1

2

안치기·찌기 3

쇠머리찰떡

찹쌀가루에 밤, 대추,
호박고지, 콩 등 갖은 재료를
잔뜩 넣고 찐 찰떡으로,
썰어 놓은 모습이 쇠머리편육
같다고 해서 '쇠머리떡'이라
불리지요. 달짝지근하니 맛도
좋고 영양도 풍부하고 쉽게
굳지도 않는 가을떡이랍니다.

재료	찹쌀가루	400g	단호박고지	약간
	물	약 64g	서리태	1/4컵
	설탕	40g	완두배기(시판용)	1/4컵
	밤	5개	호두	1/4컵
	대추	5개	잣	1/4컵

2호 사각틀(18×18×6㎝) 1개 분량
상온에서 하루까지 보관

준비하기

1 밤은 껍질을 벗겨 가로로 2등분하고, 대추는 씨를 발라 세로로 2등분한다.
2 단호박고지는 미지근한 물에 불린 뒤 물기를 뺀다.
3 깨끗이 씻어 5시간 이상 불린 서리태에 물(분량 외)을 넉넉히 부어 5분 동안 삶는다.

물주기

1 찹쌀가루에 물을 넣고 손으로 고루 비빈다.
   도움말 | 천일염이 1.2% 포함된 습식찹쌀가루를 사용한다.
2 찹쌀가루를 중간체에 내린 뒤 설탕을 넣고 섞는다.

안치기 · 찌기

1 찜기에 시루밑을 깔고 2호 사각틀을 얹은 뒤 밤, 대추, 단호박고지 등을 고루 편다.
   도움말 | 이때 얹은 재료들이 떡의 윗면이 되므로 완성 후의 모양을 고려하여 놓는다.
2 찹쌀가루를 골고루 뿌리고 윗면을 스크레이퍼로 평평하게 정리한다.
3 김 오른 물솥에 찜기를 얹고 강불로 약 20분, 약불로 약 5분 동안 찐다.
4 한 김 식혀 젓가락으로 틀에 붙은 떡을 떼어 내고 찜기를 뒤집어 떡을 빼낸 뒤 틀을 제거한다.
5 떡이 탄력 있게 굳으면 먹기 좋은 크기로 썬다.

물주기
1

안치기 · 찌기
1

2

5

녹두찰편

찹쌀가루에 녹두 고물을 올리고 편으로 쪄내는 녹두찰편은
고운 색은 물론 구수한 향미가 일품입니다. 특히나 한 입
베어 문 자리에 소복한 고물을 꾹꾹 찍어 먹으면 정말 맛있답니다.
큼지막하게 쪄서 스스럼없는 이웃에게 전해 보세요.

3호 원형틀(21×7㎝) 1개 분량 상온에서 하루까지 보관	재료	찹쌀가루	400g	고물	녹두고물	300g
		꿀	20g		→ 녹두고물 만들기 p.33	
		물	약 50g		소금	2g
		설탕	20g			
		밤	7개			
		대추	8개			

준비하기

1 밤은 껍질을 벗기고 대추는 씨를 뺀 뒤 각각 4~6등분한다.
2 녹두고물은 소금을 넣고 섞은 다음 둘로 나눈다.

물주기

1 찹쌀가루에 꿀을 넣고 섞은 뒤 물을 넣고 손으로 고루 비빈다.
   도움말 | 천일염이 1.2% 포함된 습식찹쌀가루를 사용한다.
2 중간체에 내린 뒤 설탕을 섞어 둘로 나눈다.

안치기 · 찌기

1 찜기에 시루밑을 두 장 깔고 3호 원형틀 안에 녹두고물 → 찹쌀가
   루 → 밤·대추 → 찹쌀가루 → 녹두고물 순으로 안치고 스크레이
   퍼로 윗면을 평평하게 정리한다.
2 김 오른 물솥에 찜기를 얹어 강불로 약 20분, 약불로 약 5분 동안
   찐다.
3 한 김 식혀 젓가락으로 틀에 붙은 떡을 떼어 내고 찜기를 뒤집어
   떡을 빼낸 뒤 틀을 제거한다.
4 떡이 탄력 있게 굳으면 먹기 좋은 크기로 썬다.

물주기 · 1

안치기·찌기 · 1-1

1-2

3

157

유자인절미

인절미에 유자청 건지를 넣고 담백한 거피팥고물을 묻힌 떡이에요. 달지 않은 세련된 맛으로 씹을 때마다 입 안에 은은하게 퍼지는 유자 향이 더욱 상쾌한 기분을 느끼게 한답니다.

	재료	찹쌀가루	500g	고물	거피팥고물	200g
15개 분량		물	약 50g		→ 거피팥고물 만들기 p.33	
상온에서 하루까지 보관		설탕	25g		설탕	20g
		유자청 건지	100g		소금	1g

고물 만들기

1 거피팥고물은 설탕, 소금을 넣고 마른 팬에 보슬보슬하게 볶아 중간체에 내린다.

물주기

1 찹쌀가루에 물을 넣고 손으로 고루 비빈다.
　　도움말 | 천일염이 1.2% 포함된 습식찹쌀가루를 사용한다.
2 중간체에 내린 뒤 설탕을 넣고 가볍게 섞는다.

안치기 · 찌기

1 찜기에 젖은 면포를 깔고 설탕(분량 외)을 흩뿌린 뒤 찹쌀가루를 주먹 쥐어 안친다.
2 김 오른 물솥에 찜기를 올리고 강불로 약 20분, 약불로 약 5분 동안 찐다.

모양내기

1 찐 떡을 볼에 담아 유자청 건지와 함께 섞고 절굿공이로 찰기가 생기도록 치댄다.
2 쟁반에 1 cm 두께로 넓게 펼친 뒤 살짝 굳혀 적당한 크기로 자른다.
　　도움말 | 떡을 자를 때는 칼이나 스크레이퍼에 식용유를 약간 발라서 사용한다.
3 거피팥고물을 묻히고 유자청 건지(분량 외)로 장식한다.

고물 만들기　1

안치기 찌기　1

모양내기　2

3

화전

삼월삼짇날 화전놀이를 하며
즐겼다는 화전은 찹쌀 반죽을
동글납작하게 빚어 진달래
꽃잎을 붙인 다음 기름에 지진
떡이에요. 배꽃, 장미, 국화
등 다른 계절에 피는 꽃으로
장식해도 좋고 꽃이 없을 때는
대추, 쑥갓 잎, 잣 등을 이용해
만들 수도 있답니다.

12개 분량
상온에서 하루까지 보관

재료 찹쌀가루   200g
         물   약 45g

고명 말린 진달래   6송이
         쑥갓 잎   약간
         대추꽃   6개
         → 대추장식 만들기 p.35

준비하기
1 쑥갓은 잘 씻어 물기를 제거한 뒤 작고 예쁜 잎만 뗀다.

반죽하기
1 찹쌀가루에 끓는 물을 한 숟가락씩 넣어 가며 치대어 익반죽하고
  20g씩 나눈다.
  도움말 | 천일염이 1.2% 포함된 습식찹쌀가루를 사용한다.
  도움말 | 반죽이 매끈하고 말랑해질 때까지 치댄다.
2 지름 6㎝ 크기 원형으로 납작하게 빚는다.

지지기
1 팬에 식용유(분량 외)를 두르고 달궈지면 반죽을 올려 약불로
  지진다.
2 아래쪽이 투명하게 익으면 뒤집어 말린 진달래, 쑥갓 잎이나 대추
  꽃을 붙여 모양을 낸다.
3 한 면을 마저 익혀 완성한다.

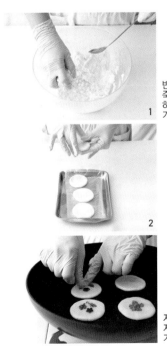

반죽하기

1

2

지지기

161

구름떡

구름떡은 썰어 놓은 떡의
불규칙한 단면이 구름을
닮았다 하여 붙은 이름이에요.
마음 가는 대로 떡을 떼어
흑임자고물을 묻혀 굳혔기
때문에 만들 때마다
어떤 모양으로 나올지
참 궁금하고 재미난 떡입니다.

20×5×7㎝ 구름떡틀 1개 분량	**재료**	찹쌀가루	500g	호두반태	5개
상온에서 하루까지 보관		물	약 98g	잣	1큰술
		설탕	50g	흑임자고물(시판용)	적당량
		밤	4알		
		대추	7알		
		서리태	55g		

준비하기

1 밤은 껍질을 벗기고 대추는 씨를 뺀 뒤 4~6등분한다.

2 호두는 잘게 자르고 잣은 고깔을 떼어 준비한다.

3 서리태는 깨끗이 씻어 5시간 이상 불린 뒤 물을 넉넉히 부어 5분 동안 삶는다.

　도움말 l 호박씨 등 씹는 맛이 있는 다른 재료를 넣어도 좋다.

물주기

1 찹쌀가루에 물을 조금씩 넣고 골고루 비빈 뒤 중간체에 내린다.

　도움말 l 천일염이 1.2% 포함된 습식찹쌀가루를 사용한다.

2 설탕을 넣고 섞은 뒤 손질한 밤, 대추, 서리태, 호두, 잣을 넣고 섞는다.

안치기 · 찌기

1 찜기에 젖은 면포를 깔고 설탕(분량 외)을 뿌린 뒤 부재료와 섞은 찹쌀가루를 주먹 쥐어 안친다.

2 강불로 약 20분, 약불로 약 5분 동안 찐다.

모양내기

1 구름떡틀에 식용유(분량 외)를 바른 비닐을 깔고 익은 떡을 적당히 떼어 흑임자고물을 조금씩 묻히면서 눌러 담는다.

　도움말 l 흑임자고물을 너무 많이 묻히면 떡끼리 잘 붙지도 않고, 사이사이 선이 굵어져 잘랐을 때 단면이 예쁘지 않으니 적당히 묻히도록 한다.

　도움말 l 구름떡을 만들 때는 설탕, 소금 등으로 가미하여 곱게 간 시판 흑임자고물을 사용해야 단면의 선이 또렷하고 예쁘게 나온다.

2 틀 높이까지 떡이 차면 비닐로 위를 덮어 틀째로 잠시 냉장고에 넣어 굳힌다.

3 떡이 탄력 있게 굳으면 틀에서 꺼내 일정한 두께로 자른다.

안치기 · 찌기
1

모양내기
1

2

3

팥시루찰편

이사할 때, 생일 때 즐겨 먹는 팥시루떡에 완두배기를
넣어 만든 팥시루찰편이에요. 찐득한 찰떡에 달콤한
완두배기를 넣어 더욱 맛있지요. 소분해 냉동고에
두었다가 조금씩 꺼내 데워 드세요.

2호 사각틀(18×18×6㎝) 1개 분량
상온에서 하루까지 보관

재료	찹쌀가루	400g
	물	약 70g
	설탕	30g
	완두배기(시판용)	100g

고물	팥고물	450g
	→ 팥고물 만들기 p.32	
	소금	2g

고물 만들기

1 팥고물에 소금을 넣고 섞은 다음 둘로 나눈다.

물주기

1 찹쌀가루에 물을 넣고 손으로 고루 비빈다.

도움말 | 천일염이 1.2% 포함된 습식찹쌀가루를 사용한다.

2 중간체에 내린 뒤 설탕을 섞어 둘로 나눈다.

안치기 · 찌기

1 찜기에 시루밑을 깔고 2호 사각틀을 얹은 뒤 팥고물 → 찹쌀가루 → 완두배기 → 찹쌀가루 → 팥고물 순으로 평평하게 안치고 스크 레이퍼로 윗면을 정리한다.

2 김 오른 물솥에 찜기를 얹고 강불로 약 20분, 약불로 약 5분 동안 찐다.

3 한 김 식혀 젓가락으로 틀에 붙은 떡을 떼어 내고 찜기를 뒤집어 떡을 빼낸 뒤 틀을 제거한다.

4 떡이 탄력 있게 굳으면 먹기 좋은 크기로 썬다.

물주기
1

안치기·찌기
1-1

1-2

3

꼬리절편·사탕절편

사탕절편은 가래떡을 가늘게 늘여 천연가루로 물들인 떡으로 줄무늬를 넣은
절편이에요. 제사상에 올리는 옥춘사탕과 모양이 비슷해 사탕절편이란 이름이
붙었지요. 꼬리절편은 손날을 세워 떡을 자른 뒤 떡도장을 눌러 만들어요.

꼬리절편 5개, 사탕절편 7개 분량 상온에서 하루까지 보관	재료	멥쌀가루	250g	백년초가루	약간
		물	약 80g	시금치가루	약간
		치자가루	약간	청치자가루	약간

물주기

1 멥쌀가루에 물을 넣고 손으로 고루 비빈다.

　도움말 | 천일염이 1.2% 포함된 습식멥쌀가루를 사용한다.

　도움말 | 설기 만들 때보다 물이 조금 더 들어가 살짝 질척하고 몽글몽글한 상태가
　된다. 중간체에 내리지 않고 바로 안친다.

안치기 · 찌기

1 젖은 면포를 깐 찜기에 멥쌀가루를 뭉치지 않게 흩뿌려 안친다.
2 김 오른 물솥에 찜기를 얹고 강불로 약 20분 동안 찐다.

모양내기

1 찐 떡을 볼에 넣고 끈기가 생기도록 절굿공이로 치댄다.
2 떡을 조금씩 네 덩이 떼어 각각 치자, 백년초, 시금치, 청치자가루로
　물들인다.
3 물들인 떡을 손바닥으로 밀어 가늘고 길게 만든다.
4 물들이지 않은 흰 떡을 가래떡 모양으로 길게 늘인 뒤 물들인 떡을
　흰 떡에 덧대어 두른다.

　도움말 | 사탕절편을 만들 흰 떡은 좀 더 가늘게 만든다.

　도움말 | 완성된 후의 모양을 고려하여 물들인 떡을 붙인다. 꼬리절편에는 세 가지
　색 떡을 바짝 붙여 떡 중앙에 무늬가 생기도록 했고, 사탕절편에는 네 가지 색 떡
　을 일정한 간격으로 감아 균일한 줄무늬가 생기도록 했다.

5 물들인 떡과 흰 떡이 함께 붙어 길게 늘어나도록 양 손바닥으로
　균일하게 민다. 꼬리절편 굵기는 2.5cm, 사탕절편 굵기는 2cm 정도
　가 적당하다.
6 손날을 세워 적당한 크기로 반죽을 자른다.
7 둥글게 빚어 가운데를 오목하게 누르면 사탕절편이 되고 뾰족한
　꼬리 모양을 살려 떡도장으로 볼록한 부분을 찍으면 꼬리절편이
　된다.
8 참기름, 식용유(분량 외)를 1:1로 섞어 살짝 바른다.

안치기·찌기

모양내기

깨찰편

찹쌀가루와 참깨고물, 흑임자고물을 번갈아 가며 켜켜이 안쳐
찐 시루편입니다. 깨고물을 쓰기 때문에 덜 쉬는 장점이 있으나
쉽게 굳기도 하지요. 쫄깃한 찰떡에 고소한 깨고물 맛이 참 잘 어울립니다.

2호 사각틀(18×18×6㎝) 1개 분량 상온에서 하루까지 보관	**재료**	찹쌀가루 물 설탕	300g 약 73g 30g	**고물**	참깨고물 → 참깨고물 만들기 p.34 흑임자고물 → 흑임자고물 만들기 p.34	120g 30g

물주기

1 찹쌀가루에 물을 넣고 고루 비빈다.

   도움말 ┃ 천일염이 1.2% 포함된 습식찹쌀가루를 사용한다.

2 중간체에 내린 뒤 설탕을 넣고 섞는다.

안치기 · 찌기

1 찜기에 시루밑을 두 장 깐 뒤 2호 사각틀을 얹는다.

   도움말 ┃ 고물이 있는 떡은 가루가 아래로 떨어지지 않도록 시루밑을 두 장 깔아도
좋다.

2 참깨고물과 찹쌀가루를 반씩 나눠 참깨고물 → 찹쌀가루 → 흑임
자고물 → 찹쌀가루 → 참깨고물 순으로 안치고 스크레이퍼로
윗면을 평평하게 정리한다.

   도움말 ┃ 흑임자고물은 양이 적어 중간체를 사용해 안치면 편리하다.

3 김 오른 물솥에 찜기를 얹고 강불로 약 20분, 약불로 약 5분 동안
찐다.

4 한 김 식혀 젓가락으로 틀에 붙은 떡을 떼어 내고 찜기를 뒤집어
떡을 빼낸 뒤 틀을 제거한다.

5 떡이 탄력 있게 굳으면 먹기 좋은 크기로 썬다.

물주기 **1**

안치기·찌기 **2-1**

2-2

5

무시루떡

겨울 무는 산삼과도 안 바꾼다는 말이 있지요. 제철 무를 이용해
무시루떡을 만들어 보세요. 담백하고 보슬보슬한 팥고물에 달큰하고
촉촉한 무가 사르르 녹아드는 맛이 일품이에요.

1호 원형틀(15×7㎝) 1개 분량 상온에서 하루까지 보관	재료	멥쌀가루	200g	고물	팥고물	200g
		물	약 45g		→ 팥고물 만들기 p.32	
		설탕	20g		설탕	10g
		무	140g		소금	1g

준비하기

1 무는 씻어서 껍질을 벗겨 0.7㎝ 굵기로 채 썬다.

도움말 l 무를 너무 가늘게 썰면 떡이 익은 후에 대부분 으깨지므로 적당한 굵기로 썬다.

고물 만들기

1 팥고물에 설탕, 소금을 넣고 고루 섞는다.

물주기

1 멥쌀가루에 물을 넣고 손으로 고루 비빈다.

도움말 l 천일염이 1.2% 포함된 습식멥쌀가루를 사용한다.

도움말 l 떡이 익으면서 무에서 수분이 나오므로 일반적인 설기보다 물을 조금 덜 준다. 한 손으로 꼭 쥐었다 폈을 때 완전히 뭉쳐지지 않고 자잘한 부스러기가 생기는 상태가 적당하다.

2 중간체에 내린 뒤 설탕과 무를 넣고 골고루 섞는다.

안치기 · 찌기

1 찜기에 시루밑을 깔고 1호 원형틀을 얹은 뒤 팥고물 → 무 섞은 멥쌀가루 → 팥고물 순으로 안치고 스크레이퍼로 윗면을 평평하게 정리한다.

2 틀을 좌우로 움직여 공간을 만든다.

도움말 l 보통 설기류는 이때 틀을 제거하나, 위아래에 고물이 들어가는 종류는 다 찌고 난 후에 틀을 빼낸다.

3 김 오른 물솥에 찜기를 얹고 강불로 약 20분, 약불로 약 5분 동안 찐다.

4 떡이 한 김 식으면 틀을 빼내고 먹기 좋은 크기로 썬다.

준비하기 1

물주기 2

안치기·찌기 1

안치기·찌기 2

171

밥알인절미

찰밥을 절구에 으깨 만드는 인절미입니다.
완전히 으깨지 않은 '옴쌀'을 남기면 더욱
재미있는 식감의 투박한 인절미가 되지요.
출출할 때 시장기를 달래 줄
든든한 떡이랍니다.

10개 분량	재료	찹쌀	200g	소	팥고물	200g
상온에서 하루까지 보관		삶은 쑥	100g		→ 팥고물 만들기 p.32	
		소금	2g		설탕	30g
		물	100g		소금	1g

고물	콩고물(시판용)	약간

준비하기

1 찹쌀을 깨끗이 씻어 5시간 이상 불린다.

도움말 | 불린 쌀은 소쿠리에 건져 20분 동안 물기를 뺀다.

소 만들기

1 팥고물에 설탕, 소금을 넣고 잘 섞은 뒤 20g씩 나누어 둥글게 빚는다.

안치기 · 찌기

1 찜기에 면포를 깐 뒤 불린 찹쌀과 쑥을 섞어서 얹고 김 오른 물솥에 올려 강불로 40분 동안 찐다.

도움말 | 삶은 쑥은 칼로 곱게 다지면 다 익힌 후 빻을 때 찹쌀과 더 잘 섞인다. 시판용 냉동 삶은 쑥을 사용하면 편리하다.

2 소금을 물에 잘 녹여 찌는 도중에 쌀을 뒤적이면서 두세 번에 나누어 넣는다.

도움말 | 소금물을 한 번에 넣으면 간이 골고루 배지 않고 찜기 아래로 흘러 버리니 꼭 두세 번에 나누어 넣도록 한다.

3 뜨거울 때 바로 볼에 옮겨 절구질한다.

모양내기

1 절구질 한 떡을 40g씩 나누어 빚어 둔 소를 넣고 둥글게 빚는다.
2 콩고물을 골고루 묻힌다.

안치기 · 찌기

2

3

모양내기

1

2

쑥갠떡

이른 봄 돋아난 향긋한 해쑥을 넣고 간단하게 만드는 쑥갠떡은
어려운 시절, 배고픔을 덜어 주던 고마운 떡이지요.
요즘에는 음식에 철이 없다지만 봄철에 꼭 한번은
먹고 지나가야 서운하지 않은 떡이랍니다.

재료	삶은 쑥	80g
	멥쌀가루	300g
	설탕	10g
	물	약 75g

13개 분량
상온에서 하루까지 보관

반죽하기

1 삶은 쑥은 물기를 제거하여 잘게 썬다.
   도움말 ┃ 시판용 냉동 삶은 쑥을 사용하면 편리하다.

2 멥쌀가루에 삶은 쑥과 설탕을 섞은 뒤 끓는 물을 넣어 익반죽하고
   찰기가 생길 때까지 치댄다.
   도움말 ┃ 천일염이 1.2% 포함된 습식멥쌀가루를 사용한다.
   도움말 ┃ 반죽하기 전 멥쌀가루에 데친 쑥을 넣고 분쇄기에 슬쩍 돌리면 칼로 쑥을
   다지는 과정을 생략할 수 있다.

모양내기

1 반죽을 일정한 크기로 나누어 둥글게 빚은 뒤 떡도장을 찍어 무늬
   를 낸다.

안치기 · 찌기

1 찜기에 식용유(분량 외)를 바른 시루밑을 깔고 반죽을 얹어 약 20분
   동안 찐다.
   도움말 ┃ 시루밑에 식용유를 바르면 떡이 들러붙지 않는다.

2 한 김 식은 후에 참기름, 식용유(분량 외)를 1:1로 섞어서 얇게
   발라 윤기를 낸다.

반죽하기 1

반죽하기 2

모양내기 1

안치기·찌기 2

175

상추시루떡

여름철에 흔한 상추를 멥쌀가루에 섞어 만든
시루떡이에요. 요즘은 잘 볼 수 없어 낯선 떡이지만
옛날 서울에서는 많이들 해 먹었다고 해요.
거피팥고물과 상추의 조합이 의외로 맛있어
자꾸만 집어 먹게 되는 별미지요.

	2호 사각틀(18×18×6cm) 1개 분량	재료	멥쌀가루	300g	고물	거피팥고물	250g
	상온에서 하루까지 보관		물	약 40g		→ 거피팥고물 만들기 p.33	
			설탕	30g		소금	1g
			상추	100g			

준비하기

1 상추는 깨끗이 씻어 소쿠리에 건져 놓고 손으로 큼직하게 두세 번
 찢는다.

고물 만들기

1 마른 팬에 거피팥고물, 소금을 넣고 수분을 날리면서 볶는다.

물주기

1 멥쌀가루에 물을 넣고 비벼 섞은 뒤 중간체에 내린다.
  도움말 | 천일염이 1.2% 포함된 습식멥쌀가루를 사용한다.
  도움말 | 떡이 익으면서 상추에서 수분이 나오므로 일반적인 설기보다 물을 조금
  덜 준다. 한 손으로 꼭 쥐었다 폈을 때 완전히 뭉쳐지지 않고 자잘한 부스러기가
  생기는 상태가 적당하다.
2 멥쌀가루에 설탕을 넣고 고루 섞은 뒤 상추를 넣고 버무린다.

안치기 · 찌기

1 찜기에 시루밑을 두 장 깔고 2호 사각틀을 얹은 뒤 거피팥고물 →
 상추와 섞은 멥쌀가루 → 거피팥고물 순으로 안치고 스크레이퍼로
 윗면을 평평하게 정리한다.
2 틀을 좌우로 움직여 공간을 만든다.
  도움말 | 설기류는 보통 이때 틀을 제거하나, 위아래에 고물이 들어가는 종류는 다
  찌고 난 후에 틀을 빼낸다.
3 김 오른 물솥에 찜기를 얹고 강불로 약 20분, 약불로 약 5분 동안
 찐다.
4 떡이 한 김 식으면 틀을 빼내고 먹기 좋은 크기로 자른다.

준비하기 1

물주기 2

안치기·찌기 1

4

177

콩찰편

정성 쏟아 만든 예쁜 떡도 좋지만, 집에서 먹기에는 이렇게 푹 쪄낸 투박한 떡이
제격이지요. 새카만 서리태가 빼곡히 올라간 콩찰편은 재료도 단순하고 영양도
풍부해서 아침 식사 대용으로도 손색 없는 떡입니다.

2호 사각틀(18×18×6㎝) 1개 분량 상온에서 하루까지 보관	**재료**	찹쌀가루	400g	흑설탕	25g
		물A	약 70g	소금	1g
		설탕	30g	물B	200g
		서리태	200g		

콩 조리기

1 깨끗이 씻어 5시간 이상 불린 서리태에 물(분량 외)을 넉넉히 부어 5분 동안 삶는다.
2 삶은 콩에 흑설탕, 소금, 물B를 넣어 물기가 없어질 때까지 조린 뒤 넓은 그릇에 펴서 식히고 둘로 나눈다.
   도움말 l 삶은 콩을 흑설탕에 조려서 쓰면 달콤한 맛뿐만 아니라 쫄깃한 식감까지 더할 수 있다.

물주기

1 찹쌀가루에 물A를 넣고 손으로 고루 비빈다.
   도움말 l 천일염이 1.2% 포함된 습식찹쌀가루를 사용한다.
2 중간체에 내린 뒤 설탕을 넣고 가볍게 섞는다.

안치기 · 찌기

1 시루밑을 깐 찜기에 2호 사각틀을 얹고 그 안에 조린 콩 → 찹쌀 가루 → 조린 콩 순으로 평평하게 안친다.
2 김 오른 물솥에 찜기를 얹고 강불로 약 20분, 약불로 약 5분 동안 찐다.
3 한 김 식혀 젓가락으로 틀에 붙은 떡을 떼어 내고 찜기를 뒤집어 떡을 빼낸 뒤 틀을 제거한다.
4 떡이 탄력 있게 굳으면 먹기 좋은 크기로 썬다.

콩 조리기 2

물주기 2

안치기·찌기 1

4

수수부꾸미

찹쌀가루와 수수가루를
익반죽해 팥소를 넣고
반달모양으로 지져 낸
수수부꾸미는 추운 날에
잘 어울리는 간식이에요.
번철에 지져 내면 미처
식힐 새도 없이 호호 불며
먹게 되지요. 쫄깃한 식감과
달달한 팥소가 그렇게
맛있을 수 없답니다.

12개 분량 상온에서 하루까지 보관	**재료**	찰수수가루	100g	**소**	팥고물	80g
		찹쌀가루	100g		→ 팥고물 만들기 p.32	
		물	약 55g		소금	0.5g
					설탕	20g
					계핏가루	약간
					꿀	15g

소 만들기

1 팥고물에 소금을 넣고 고루 섞는다.
2 설탕, 계핏가루, 꿀을 넣고 반죽한 뒤 6g씩 나누어 타원형으로 빚는다.

반죽하기

1 찰수수가루와 찹쌀가루를 섞은 다음 끓는 물을 넣고 매끈해질 때까지 익반죽한다.
   도움말 | 천일염이 1.2% 포함된 습식찰수수가루, 습식찹쌀가루를 사용한다.
2 반죽을 20g씩 떼어 내 둥글게 굴려서 지름 7㎝ 원형이 되도록 납작하게 빚는다.

지지기

1 약불에 팬을 달구어 식용유(분량 외)를 두르고 한 면이 반투명하게 변하도록 익힌다.
2 뒤집어서 중앙에 동그랗게 빚은 소를 넣고 반으로 접은 뒤 이음매를 주걱으로 꼭꼭 눌러 붙인다.
   도움말 | 익은 면의 찰기를 이용해 이음매를 붙여야 하므로 한꺼번에 뒤집지 말고 한 장씩 뒤집어 가며 재빠르게 작업한다.
3 바닥면을 노릇하게 익혀 마무리한다.

소 만들기 2

반죽하기 1

지지기 2-1

지지기 2-2

찹쌀부꾸미

맑갛게 지져낸 찹쌀지짐이에
은은한 계피향의 거피팥고물,
고소한 기름내의 조화가 식욕을
자극하는 찹쌀부꾸미예요.
지지는 중에 대추꽃 고명을 붙여
장식하면 더욱 보기 좋은 부꾸미가
된답니다.

12개 분량	**재료**	찹쌀가루	200g
상온에서 하루까지 보관		물	약 45g

소	거피팥고물	60g
	→ 거피팥고물 만들기 p.33	
	꿀	8g
	계핏가루	약간

고명	대추말이꽃	약간
	→ 대추장식 만들기 p.35	
	대추채	약간
	→ 대추장식 만들기 p.35	
	쑥갓 잎	약간
	해바라기씨	약간

소 만들기

1 거피팥고물에 꿀, 계핏가루를 섞은 뒤 5g씩 나누어 타원형으로 빚는다.

반죽하기

1 찹쌀가루에 끓는 물을 한 숟가락씩 넣어 가며 익반죽한다.

> **도움말 |** 천일염이 1.2% 포함된 습식찹쌀가루를 사용한다.
> **도움말 |** 말랑하고 매끄러워질 때까지 치댄다.

2 반죽을 20g씩 떼어 내 둥글게 굴려서 지름 7cm 원형이 되도록 납작하게 빚는다.

지지기

1 약불에 팬을 달구어 식용유(분량 외)를 두르고 한 면이 반투명하게 변하도록 익힌다.

2 뒤집어서 중앙에 동그랗게 빚은 소를 넣고 반으로 접은 뒤 이음매를 주걱으로 꼭꼭 눌러 붙인다.

> **도움말 |** 익은 면의 찰기를 이용해 이음매를 붙여야 하므로 한꺼번에 뒤집지 말고 한 장씩 뒤집어 가며 재빠르게 작업한다.

3 한 번 뒤집어서 대추말이꽃과 대추채, 쑥갓 잎, 해바라기씨로 윗면을 장식하고 바닥면을 노릇하게 익힌다.

반죽하기

지지기

깨강정

좀 더 모던한 분위기를 내는 깨강정이에요. 호박씨나 땅콩,
피스타치오 등 좋아하는 견과류를 먼저 볶아 길게 밀어 놓고,
참깨강정으로 감싸 자르면 단면이 멋진 깨강정이 완성된답니다.

20개 분량
상온에서 일주일,
냉동에서 석 달까지 보관

재료	호박씨강정		깨강정	
	호박씨	60g	볶은 거피참깨	50g
	물엿	15g	물엿	15g
	설탕	10g	설탕	10g
	말차가루	조금		

준비하기

1 호박씨는 마른 팬에 살짝 볶아서 식힌다.

호박씨강정 만들기

1 팬에 물엿, 설탕, 말차가루를 넣고 설탕이 녹을 때까지 약불에서
   가열한다.
2 시럽이 끓으면 호박씨를 넣고 한 덩어리로 뭉쳐질 때까지 볶는다.
3 볶은 호박씨를 김발에 놓고 말아 지름 2.5㎝ 긴 원통형으로 모양
   을 잡는다.

깨강정 만들기

1 팬에 물엿, 설탕을 넣고 약불에서 가열한다.
2 시럽이 끓으면 참깨를 넣고 한 덩어리로 뭉쳐질 때까지 볶는다.
   도움말 | 흑임자를 사용해 두 가지 색으로 만들면 더 예쁘다.
3 안쪽에 식용유(분량 외)를 살짝 바른 지퍼백에 볶은 참깨를 넣고
   각을 잡아 가며 두께 0.5㎝ 두께가 되도록 밀대로 민다.

모양내기

1 식기 전에 깨강정으로 호박씨강정을 감싸 김밥 모양으로 만다.
2 호박씨강정을 감싸고 남은 깨강정은 칼로 잘라 낸다.
3 약불로 데운 팬에 깨강정 이음매를 얹고 살짝 굴려 매끈하게 만든다.
4 완전히 식은 뒤 도마에 놓고 0.7㎝ 두께로 자른다.

호박씨강정 만들기 2

깨강정 만들기 3

모양내기 1

3

4

견과바

단 하나만 먹어도 하루치 견과류를 섭취할 수 있는 퓨전 한과입니다.
보관만 잘하면 오래도록 즐길 수 있으니 하루를 투자해 많이 만들어 두세요.

15개 분량	**재료**	견과류	3컵	**시럽** 물	10g
상온에서 일주일,		볶은 흑임자(검은깨)	2큰술	조청	40g
냉동에서 두 달까지 보관				황설탕	40g
				계핏가루	약간
				소금	약간

준비하기

1 견과류와 흑임자를 종류별로 마른 팬에 올려 중약불로 노릇노릇
하게 볶아서 식힌다.

> **도움말 |** 견과류는 취향에 맞게 골고루 조합하여 사용한다. 여기서는 땅콩, 아몬
> 드, 헤이즐넛, 캐슈너트, 호두, 해바라기씨, 호박씨를 사용했다. 해바라기씨, 호박
> 씨는 꽤 오랜 시간 볶아야 한다.

볶기

1 시럽 재료를 팬에 넣고 끓으면 견과류를 넣는다.

2 수분이 졸아 견과류가 한 덩어리로 뭉쳐질 때까지 볶는다.

> **도움말 |** 너무 오래 볶으면 딱딱해지니 한 덩어리로 뭉쳐지면 바로 불에서 내린다.

모양내기

1 볶은 견과류를 $20 \times 30 \times 1\,\mathrm{cm}$ 강정 틀에 쏟아 골고루 펼치고 따뜻
할 때 밀대로 평평하게 민다.

> **도움말 |** 강정틀 밑에 식용유 바른 비닐을 깔고, 식용유 바른 위생장갑을 끼고
> 펼치면 달라붙지 않는다.

2 약간 식어 온기가 남아 있을 때 원하는 크기로 자른다.

> **도움말 |** 상온에 너무 오래 두면 딱딱해져서 자르기 힘들다.

준비하기 1

볶기 1

모양내기 2

밤초

모양을 살려 예쁘게 깎은 밤을 끓는 물에 데친 후
설탕에 조린 숙실과의 한 종류예요. '밤을 하루 세 톨만 먹으면
보약이 필요 없다'라는 말이 있지요. 잘 먹으면 보약보다 좋다는 밤으로
맛나고 속 든든한 간식을 만들어 보세요.

10개 분량	**재료**	밤	10개	치자가루	약간
상온에서 하루.		물	200g	물엿	15g
냉장에서 사흘까지 보관		설탕	50g	꿀	10g
		소금	1g		

준비하기

1 밤은 속껍질까지 깨끗이 벗겨 모난 곳 없이 둥글게 다듬은 뒤 물에
   씻는다.

   도움말 | 밤초 만들 때 사용하는 밤은 크기가 너무 크지 않은 것을 고르는 것이 좋다.

2 냄비에 물을 넉넉히 부어 밤을 7~8분 삶은 뒤 찬물에 헹군다.

   도움말 | 한 번 익힌 뒤에 조려야 시럽이 잘 침투하여 식감이 쫀득해진다.

조리기

1 냄비에 물, 설탕, 소금, 치자가루를 넣고 끓인다.

2 시럽이 끓기 시작하면 삶은 밤을 넣고 중불에서 거품을 걷어 내며
   다시 삶는다.

3 시럽이 반쯤 졸았을 때 물엿을 넣고 약불로 조린다.

   도움말 | 처음부터 물엿을 넣으면 식감이 딱딱해진다.

4 시럽이 거의 다 졸았을 때 마지막으로 꿀을 넣고 전체적으로 섞어
   불에서 내린다.

5 체에 밭쳐 남은 시럽이 빠지게 둔다.

준비하기 2

조리기 4

5

율란

밤을 으깨 꿀을 넣고 조린 다음 원래 모양대로 빚은
율란은 손이 많이 가는 숙실과 중 하나지요.
옛날 대갓집에서는 이런 숙실과를
손님상이나 잔칫상에 올려 솜씨를
자랑했다고 하는데요,
모양도 맛도 좋은 율란으로
솜씨를 뽐내 보세요.

12개 분량
상온에서 하루,
냉장에서 이틀까지 보관

재료	밤	100g	**장식**	잣가루	적당량
	계핏가루	0.5g		→ 잣가루 만들기 p.34	
	소금	0.5g		계핏가루	적당량
	꿀	8g			

준비하기

1 밤은 씻어서 껍질을 까고 냄비에 물을 부어 약 30분 동안 삶는다.
2 밤이 무르게 익으면 건져 내 물기를 뺀 뒤 중간체에 내려 보슬보
   슬한 고물을 만든다.

   도움말 Ⅰ 뜨거울 때 나무주걱으로 눌러 가며 체에 내리면 쉽게 작업할 수 있다.

반죽하기

1 체에 내린 밤고물에 계핏가루, 소금을 넣고 전부 뭉쳐질 만큼의
   꿀을 넣어 반죽한다.

   도움말 Ⅰ 밤에 함유된 수분, 전분 양에 따라 꿀 양을 조절한다.

모양내기

1 반죽을 밤톨 모양으로 빚는다.
2 율란의 둥근 부분에 잣가루나 계핏가루를 묻힌다.

준비하기 1

모양내기 1

2

대추칩

'대추를 보고도 먹지 않으면 늙는다'라는 옛말을
들어 보셨나요? 대추에 아무런 가미도 하지 않고 찌고
말리기만 해서 만든 대추칩이에요. 눈에 띄는 곳에 놓고
수시로 드셔 보세요. 왠지 젊어지는 기분이 들 거예요.

상온에서 이주일,
냉동에서 두 달까지 보관

재료	대추	15개

준비하기

1 대추를 흐르는 물에 비벼 씻은 뒤 건조기에 넣고 물기를 완전히 말린다.

2 도구를 사용해 씨를 뺀 뒤 동그란 모양을 살려 0.3cm 두께로 썬다.

> **도움말 ㅣ** 씨를 뺀 대추를 칼로 눌러 자르면 앞뒷면이 붙은 일자 형태가 되는데, 양 손으로 떼어 동그랗게 모양을 잡을 수 있다. 일자 형태나 원형 두 가지 중 하나를 선택하거나 두 가지를 섞어 만들어도 좋다.

건조하기

1 시루밑을 한 장 깐 찜기에 대추를 펼쳐 올린 뒤 김 오른 물솥에 얹고 30초 동안 김을 쐬게 한다.

> **도움말 ㅣ** 김을 올려 찌면 대추의 잡내도 없애고 조금 더 부드럽게 만들 수 있다.

2 60~70℃ 건조기에서 바삭해질 때까지 4~5시간 동안 말린다.

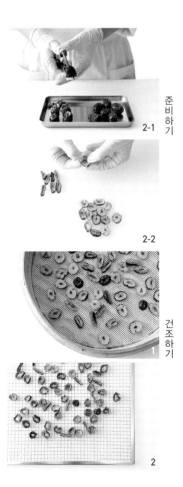

준비하기 2-1

2-2

건조하기 1

2

연근정과

연근은 조려 먹는 반찬의 재료로 잘 알려져 있지만 정과로 만들면
색다른 간식으로 즐길 수 있습니다. 먼저 식초 물에 연근을 데친 뒤
곱게 색 입혀 물엿에 조리면 꽃처럼 예쁜 연근정과가 된답니다.

상온에서 일주일,
냉동에서 두 달까지 보관

재료				
	연근	250g	물엿	70g
	설탕	125g	꿀	32g
	소금	1g	치자가루	약간
	물	400g	천연색소(그린)	약간

준비하기

1 연근은 껍질을 벗기고 0.3㎝ 두께로 자른다.
2 끓는 물(분량 외)에 식초를 넣고 연근을 부드러워질 때까지 데
  친다.
3 건져 낸 뒤 찬물에 헹군다.

조리기

1 냄비에 연근, 설탕, 소금, 색 내기 재료를 넣은 뒤 물을 붓고 중약
  불에서 조린다.
2 연근에 색이 들여지고 알맞게 조려지면 물엿을 넣고 투명해질 때
  까지 약불로 조린다.
3 물기가 거의 없어지면 꿀을 넣고 살짝 더 조려 마무리한다.
4 채반에 밭쳐 남은 시럽이 빠지게 둔다.

건조하기

1 진득한 시럽이 살짝 말라 꾸덕꾸덕해질 때까지 건조한 뒤 앞뒷면
  에 설탕을 묻힌다.

조리기 1

조리기 3

4

건조하기 1

편강

공자가 몸을 따뜻하게 하기 위해 식사 때마다
챙겨 먹었다는 생강은 알싸한 맛 때문에
그대로 먹기가 쉽지 않지요. 이럴 때는
달콤한 편강을 만들어 고유한 향미를 즐겨 보세요.

상온에서 이주일,
냉동에서 석 달까지 보관

재료		
생강		120g
설탕		96g
소금		1g
치자가루		약간

준비하기

1 껍질 벗긴 생강을 0.1cm 두께로 얇게 썬다.

  도움말 l 편강을 만들 때는 맵지 않은 햇생강을 사용하는 것이 좋다.

2 물에 헹귀 전분을 씻어 낸 뒤 찬물에 3~4시간 동안 담가 아린 맛
  을 뺀다.

3 끓는 물에 두 번 데친 뒤 찬물에 행군다.

볶기

1 팬에 생강과 설탕, 소금을 넣고 중약불로 저어 가며 설탕을 녹인다.

2 시럽이 끓으면서 설탕이 녹으면 치자가루를 넣는다.

3 결정이 생기기 시작하면 약불로 줄인다.

4 타지 않도록 빠르게 뒤적이다가 수분이 거의 날아가면 불을 끄고
  잔열로 남은 수분을 모두 증발시킨다.

5 넓은 접시에 펼쳐 완전히 말린다.

준비하기 2

볶기 1

4

5

상품성 있는 떡·한과의 마무리는 바로 포장입니다.
아무리 공들여 만든 떡·한과라도 격에 맞는 옷을 입지 못하면
그 가치를 뽐내기 어렵지요. 책에서 소개한 떡·한과에 적합한 포장 방법과
제품의 격을 한층 높이는 보자기 포장 방법을 알려 드릴게요.

격을 높이는
떡 · 한과 포장

제품에 맞는
포장 방법과
보자기 포장

제품의 형태와 특성에 맞는 포장법을 포장재 중심으로 제안합니다. 다양한 제품에 응용해 상품성을 높여 보세요. 또 웃어른께 선물할 때나 상서로운 자리에 가장 잘 어울리는 보자기 포장 방법 여덟 가지도 함께 소개합니다.

—— 포장 방법 ❶ 접착형 OPP 필름

각지고 단단한 강정, 오란다 등을 포장할 때 주로 사용하는 투명 비닐봉투입니다. 봉투가 너무 크면 빈 공간이 많이 남아 상품성이 떨어져 보이고, 꼭 맞으면 내용물을 안에 넣다가 파손될 수 있으니 내용물보다 1~2㎝ 정도 여유 있는 크기를 골라 사용합니다. 사이즈가 다양해서 골라 쓰기 좋고 입구에 접착테이프가 있어 밀봉하기 편리합니다.

—— 포장 방법 ❷ 떡포장용 OPP 필름

떡이나 한과를 마르지 않게 포장하는 비닐로 '떡싸개지'라고 검색하면 13㎝부터 22㎝까지 다양한 크기의 정사각형으로 재단된 것을 온라인으로 구매할 수 있습니다. 설기류를 포장할 때 떡 표면에 비닐을 완전히 밀착시키고 각을 살려 접은 다음 시판되는 예쁜 스티커를 붙여 마무리하세요.

── 포장 방법 ❸ 실링형 OPP 필름

부서지기 쉽거나 각지지 않은 내용물을 넣기에 적합합니다. 비접착형 투명 비닐봉투이므로 실링기로 열을 가해 가장자리를 밀봉해 사용합니다. 장마철 눅눅해지기 쉬운 제품은 작게 소분된 제습제(실리카겔)를 함께 넣는 것이 좋습니다.

── 포장 방법 ❹ 투명플라스틱용기

많이 끈적이지 않고 입자가 크지 않은 견과류, 강정 등을 담을 때 사용합니다. 원형, 사각 두 가지 형태를 구매할 수 있는데 뚜껑을 덮어 예쁜 스티커로 고정하거나 사각 용기 2개가 들어가는 종이 상자에 넣어 2종 세트로 구성할 수도 있습니다.

── 포장 방법 ❺
돔형 케이스

곶감단지, 흑미단자, 사과단자 등을 하나씩 담을 수 있는 용기입니다. 뚜껑이 투명해서 제품의 예쁜 디자인을 드러낼 수 있는 포장 방법이지요. 카페에서 낱개 상품으로 판매할 때나 답례품을 포장할 때 좋습니다.

──── 포장 방법 ❻

대나무바구니

옛날 광주리에 담아 먹던 음식을 연상시키는 소박한 분위기의 대나무바구니입니다. 음식물이 용기에 직접 닿지 않도록 비닐을 깐 뒤 떡이나 한과를 담는 것이 좋습니다.

──── 포장 방법 ❼ 나무도시락

두텁떡, 단자, 증편, 약과, 주악 등 작은 떡과 한과를 소담하게 담을 때 사용합니다. 원형, 팔각 두 가지 종류가 있는데 수분이 있는 제품이나 끈적해서 바닥에 들러 붙기 쉬운 제품은 비닐로 된 베이킹컵을 사용하거나 투명한 비닐을 깐 뒤 제품을 올려 놓는 것이 좋습니다.

──── 포장 방법 ❽ 합

작고 앙증맞은 떡이나 한과를 넣기에 적합한 용기입니다. 플라스틱, 비닐 포장도 편리하지만 묵직한 합에 담은 맛난 음식을 보자기로 한 번 더 감싸 선물하면 감동도 더해지지요. 본래 합은 음식을 담을 때 사용하는 뚜껑 있는 놋그릇을 뜻하나, 도자기로 만든 것을 합이라 부르기도 합니다.

—— 포장 방법 ❾

초콜릿상자

과일양갱, 다식, 참깨마카롱 등 크기
가 작은 제품을 고급스럽게 포장할
수 있는 상자입니다. 6구, 10구, 24구
등 다양한 사이즈를 구매할 수 있습
니다. 주름종이를 깔고 제품을 하나
씩 담으면 보다 깔끔한 느낌을 줄 수
있습니다.

—— 포장 방법 ❿ 화과자상자

작은 플라스틱 용기에 담은 제품을 고급스럽게 포장할 수 있는 상자입니다. 크기와 폭에 맞춰 자른 과일강정, 비닐로 낱
개 포장한 도라지정과 등을 넣기에도 적합합니다.

—— 포장 방법 ⓫ 구절판

구절판은 아홉 칸으로 나뉘어 있는 그릇의 이름입니다. 밀전병에 각종 채를
싸서 먹는 음식을 담거나 다양한 한과를 담는 데 사용합니다. 플라스틱, 유기,
나무, 도자기 등 다양한 소재의 구절판이 있으니 용도에 맞게 활용하세요.

수국매듭

쉬우면서도 풍성하고 화려하게 선물을 꾸며 주는 보자기 포장입니다. 떡, 한과 제품을 판매하는 사람들이 가장 애용하는 포장 중 하나이지요. 특히 반짝이는 크리스털 원단으로 수국매듭을 지으면 우아한 분위기가 살아납니다.

1 보자기를 마름모꼴로 놓고 중앙에 팔각도시락을 올린 뒤 위아래 자락을 잡아 팽팽하게 모은다.

2 양 옆 자락도 주름을 잡아 가며 모은다.

3 한데 모은 네 자락을 팽팽하게 당겨 투명고무줄로 묶는다.

4 마주보고 있는 보자기 자락을 본래 위치로 당겨 짝 펼친 다음 길이를 맞춘다.

5 젓가락으로 고무줄을 당겨 보자기 자락이 들어갈 공간을 만든다.

6 한쪽 보자기 자락을 반쯤 끼워 수국 꽃잎과 꽃받침을 만든다.

7 나머지 자락도 같은 방법으로 끼워 꽃잎과 꽃받침을 만든다.

8 꽃잎과 꽃받침 부분을 매만져 모양을 다듬는다.

보타이매듭

두 가지 색상으로 포인트를 준 단정한 기본 리본 매듭을 사용한 보자기 포장입니다. 사방에 각이 있는 용기나 상자를 포장할 때 사용하면 좋고, 낙지발 노리개를 달아 장식하면 더욱 우아한 분위기를 냅니다.

1 주 색상(분홍색)을 아래로 가게 해 보자기를 마름모꼴로 놓고 중앙에 화과자 상자를 가로로 올린 뒤 아래쪽 자락을 덮어 상자 밑으로 접는다.

2 위쪽 자락을 덮은 다음 뒷면이 나오도록 접는다.

3 다시 한번 위쪽 자락을 접어 부 색상(남색)이 띠 형태로 드러나도록 한다.

4 띠 형태로 접은 위쪽 자락을 한 손으로 고정하고 남은 자락 중 한쪽을 상자 크기에 맞춰 접는다.

5 접은 자락을 상자 쪽으로 팽팽하게 당긴다.

6 같은 방법으로 남은 자락을 상자 크기에 맞춰 접고 팽팽하게 당긴다.

7 두 자락을 팽팽하게 매듭짓는다.

8 매듭지은 두 자락을 안쪽면(부 색상)이 위를 보도록 펼친다.

9 다시 한 번 매듭지어 주 색상이 중심을, 부 색상이 날개를 이루는 리본을 만든다.

—— 보자기 포장 ❸
일자매듭

고급스러운 분위기가 돋보이는 보자기 포장입니다. 격식을 차려 선물할 때 사용하면 효과적이지요. 매듭이 깔끔해서 술 달린 노리개로 포인트를 주면 좋습니다.

1 주 색상(보라색)을 아래로 가게 해 보자기를 마름모꼴로 놓고 중앙에 칠기찬합을 올린 뒤 아래쪽 자락을 덮어 찬합 밑으로 가게 접는다.

2 위쪽 자락을 바짝 당겨 덮는다.

3 남은 자락 중 한쪽을 상자 크기에 맞춰 접는다.

4 접은 자락을 상자 쪽으로 팽팽하게 당긴 다음 한 손으로 고정하고 같은 방법으로 남은 자락을 상자 크기에 맞춰 접는다.

5 두 자락을 팽팽하게 매듭짓는다.

6 다시 한 번 매듭지어 고정한다.

7 ②에서 덮은 자락을 대칭이 되도록 접어 부 색상(연보라색)이 드러나도록 한다.

8 접은 자락을 아래에서 위로 끌어와 매듭을 완전히 덮는다.

9 매듭 아래로 보자기 자락 끝을 밀어 넣은 다음 손으로 자락을 구김 없이 펴 깔끔하게 정리한다.

저고리매듭

저고리 옷고름에 사용하는 매듭을 차용한 보자기 포장입니다. 끈 하나로 단아하게 마무리할 수 있고 색 매치에 따라 다양한 분위기를 낼 수 있습니다. 크기가 작은 상자에 어울리는 매듭입니다.

1 보자기를 마름모꼴로 놓고 중앙에 상자를 올린 뒤 아래쪽 자락을 덮어 상자 밑으로 가게 접는다.

2 양 옆 자락을 구김이 가지 않게 정리하여 바짝 모은다.

3 두 자락을 팽팽하게 매듭짓는다.

4 다시 한 번 매듭지어 고정한다.

5 남은 위쪽 자락을 팽팽하게 잡아 당긴다.

6 상자 너비에 맞게 보자기 자락을 펼친 다음 남는 부분을 매듭 아래로 주름지지 않게 밀어 넣는다.

7 띠 위에 보자기로 감싼 상자를 얹고 한쪽을 길게 잡는다.

8 짧은 쪽으로 고리를 만든 다음 긴 쪽으로 고리를 감싼다.

9 고리를 감싼 띠 사이로 긴 쪽 끝을 집어 넣어 저고리 옷고름 모양으로 매듭을 짓는다.

나비매듭

나비의 양날개를 연상시키는 사랑스러운 보자기 포장입니다.
작고 동그란 용기를 포장할 때 사용하면 좋습니다.
테두리에 색이 들어간 광목천을 사용하면 소박하면서도
아기자기한 느낌이 납니다.

1 마름모꼴로 둔 보자기 중앙에 원형 도시락을 올리고 위아래 자락을 가운데로 모은다.

2 두 자락을 팽팽하게 매듭짓는다.

3 매듭 지은 자락의 양 끝을 밖으로 드러내 한 손으로 고정하고 남은 자락의 한쪽을 팽팽하게 잡는다.

4 마지막 남은 한쪽 자락도 구김 없이 팽팽하게 잡는다.

5 두 자락을 앞선 매듭과 방향을 맞춰 팽팽하게 매듭짓는다.

6 방향이 동일한 자락을 한 쌍씩 양손에 잡는다.

7 양손에 잡은 자락으로 매듭을 짓는다.

8 보자기 자락이 날개 모양이 되도록 주름을 편다.

정매듭

우물 정(井)자를 닮은 매듭을 이용한 보자기 포장입니다.
예전에는 청홍 양면 비단을 사용해 사주보, 폐백보 매듭으로
자주 사용되었는데 요즘은 청홍색에 구애 받지 않고
여러 가지 색으로 다양한 포장에 사용합니다.

1 주 색상(진하늘색)을 아래로 가게 해 보자기를 마름모꼴로 놓고 중앙에 구절판을 올린 뒤 주 색상이 드러나도록 위아래 자락을 잡아 매듭짓는다.

2 남은 양 옆의 자락도 똑같이 매듭 짓는다.

3 한쪽 자락을 뒤집어 부 색상(연하늘색)이 드러나도록 하고 반대편으로 넘긴다.

4 바로 옆 자락을 똑같이 뒤집어 반대편으로 넘긴다.

5 차례로 옆 자락을 넘겨 한 바퀴 돌면 네 자락이 격자 모양으로 엮인다.

6 마지막 자락을 첫 자락아래로 밀어 넣어 고정한 다음 각 자락을 잡아당겨 길이를 맞추면서 매듭을 단단하게 만든다.

7 한 자락을 잡아 매듭을 이루고 있는 바로 옆 자락을 감싼 다음 그 속으로 끝을 밀어 넣는다.

8 같은 방법으로 남은 자락 끝을 차례로 밀어 넣는다.

9 마지막 한 자락도 매듭 안쪽으로 밀어 넣은 다음 전체 매듭의 형태를 매만진다.

덮개매듭

한쪽 천을 끌어 와 단단하게 묶은 매듭을 덮어서 완성하는 포장법입니다. 광택이 있는 공단천을 사용해 주름과 각을 신경 써서 잡으면 세련된 분위기를 낼 수 있습니다.

1 보자기를 마름모꼴로 놓고 중앙에 초콜릿 상자를 올린 뒤 아래쪽 자락을 덮어 상자 밑으로 가게 접는다.

2 양 옆 자락을 구김이 가지 않게 바짝 모은다.

3 두 자락을 팽팽하게 매듭짓는다.

4 다시 한 번 매듭지어 고정한다.

5 상자를 180° 돌려 남은 자락이 아래를 향하게 하고 팽팽하게 펼친다

6 중앙의 매듭 아래로 남은 자락 끝을 밀어 넣는다.

7 밀어 넣은 보자기 끝이 뭉치지 않게 손을 넣어 정리한다.

8 덮개의 주름이 일정하게 잡히도록 매만지고 술 달린 끈을 둘러 묶는다.

똬리매듭

긴 머리를 꼬아 틀어 올리듯 둥글게 말아 정리한 매듭입니다. 용기에 비해 천이 클 때 사용하면 넓은 폭이 깔끔하게 정리됩니다. 면이나 리넨을 사용하면 자연스러운 느낌을 살릴 수가 있습니다.

1 마름모꼴로 둔 보자기 중앙에 대나무바구니를 올리고 위아래 자락을 중앙으로 모은다.

2 양 옆 자락도 마찬가지로 한데 모아 투명고무줄로 묶은 다음 마주보고 있는 보자기 자락을 본래 위치로 당겨 길이를 맞춘다.

3 한 자락을 팽팽하게 잡는다.

4 한 방향으로 탄탄하게 꼰다.

5 꼰 자락으로 다른 자락의 아랫부분을 감아 투명고무줄에 끝을 끼워 넣는다.

6 바로 옆 자락도 같은 방법으로 꼰 다음 투명고무줄에 끝을 끼워 넣는다.

7 마지막 네 번째 자락도 같은 방법으로 꼬아 다른 매듭의 아래쪽으로 감는다.

8 마지막 자락 끝을 투명고무줄에 끼워 넣은 다음 튀어나온 부분을 매만져 정리한다.

공방 · 카페를 위한
한식디저트 만들기

떡
한과 /
클래스

저 자 ｜ 이은주
발행인 ｜ 장상원
편집인 ｜ 이명원

초판 1쇄 ｜ 2022년 12월 15일
　　2쇄 ｜ 2023년 8월 8일
　　3쇄 ｜ 2024년 12월 23일

발행처 ｜ (주)비앤씨월드 출판등록 1994.1.21 제 16-818호
주 소 ｜ 서울특별시 강남구 선릉로 132길 3-6 서원빌딩 3층
전 화 ｜ (02)547-5233   팩 스 ｜ (02)549-5235
홈페이지 ｜ www.bncworld.co.kr
블로그 ｜ http://blog.naver.com/bncbookcafe
인스타그램 ｜ www.instagram.com/bncworld_books
보자기 실연 ｜ 윤서진(웬디 하우스 스튜디오)
그릇 협찬 ｜ 광주요 (02)3442-2054 www.ekwangjuyo.com
진 행 ｜ 내도우리   사 진 ｜ 이재희   디자인 ｜ 박갑경

ISBN ｜ 979-11-86519-59-2   13590